交替隔沟灌溉条件下农田水热传输与模拟

李彩霞　孙景生　汪顺生　著

黄河水利出版社

·郑州·

图书在版编目(CIP)数据

交替隔沟灌溉条件下农田水热传输与模拟/李彩霞,
孙景生,汪顺生著. —郑州:黄河水利出版社,2020.9
ISBN 978-7-5509-2809-1

Ⅰ.①交⋯ Ⅱ.①李⋯ ②孙⋯ ③汪⋯ Ⅲ.①农田灌
溉-节约用水-研究 Ⅳ.①S275

中国版本图书馆 CIP 数据核字(2020)第 172640 号

出　版　社:黄河水利出版社　　　　　　　　　网址:www.yrcp.com
　　　地址:河南省郑州市顺河路黄委会综合楼 14 层　邮政编码:450003
发行单位:黄河水利出版社
　　　发行部电话:0371-66026940、66020550、66028024、66022620(传真)
　　　E-mail:hhslcbs@ 126.com
承印单位:广东虎彩云印刷有限公司
开本:787 mm×1 092 mm　1/16
印张:10.75
字数:248 千字
版次:2020 年 9 月第 1 版　　　　　　　　　印次:2020 年 9 月第 1 次印刷
定价:60.00 元

前 言

　　我国农业节水的最大潜力在田间，交替隔沟灌溉在提高水分有效利用率、优化气孔行为等方面挖掘了田间以及作物自身的节水潜力。交替隔沟灌溉条件下农田水热传输研究涉及水文学、农业生态学和物理学等多学科领域，强调农水与农业生态学的结合，协调土壤—植物—大气界面的能量关系，是研究作物节水机制、土壤—植物—大气系统（SPAC系统）能量传输的理论基础，对农业节水评价和田间生产具有指导意义。

　　SPAC系统物质和能量传输研究一直是国际社会关注的前沿课题和多学科热点，全球气候变化引发的全球资源环境问题日益严峻，伴随信息技术的发展，土壤—植物—大气各界面间的能量传输研究已由过去的小尺度逐步向区域乃至全球尺度转变，天–空–地立体综合观测方式的转变，也使得SPAC系统能量传输逐步向区域或更大尺度的农业生态研究拓展。大数据时代的到来，将实现传统基于过程的SPAC系统能量传输研究与基于大数据驱动的农业生态学研究有机整合，必将推动全球农业持续发展理论和应用研究，也是时代召唤带来的重大挑战和机遇。在国内外相关研究基础上，对作者多年研究成果加以整理，博采和旁引交替隔沟灌溉方面的最新研究成果和见解，完成本书。本书对交替隔沟灌溉的作物需水理论和水热能量传输理论做一系统的论述，以期为SPAC系统能量过程研究与区域生态系统研究的融合提供基础理论支撑，服务于农业可持续发展。

　　本书由中国农业科学院农田灌溉研究所李彩霞副研究员、孙景生研究员和华北水利水电大学汪顺生教授合作撰写。在撰写过程中，参考和引用了大量国内外有关文献，再次对这些文献的作者表示最衷心的感谢！由于作者水平有限，书中难免存在不足之处，恳请读者批评指正。

作 者

2020 年 7 月

目 录

第一章 绪 论

第一节 研究背景、意义与目的

在农业用水总量零增长甚至是负增长的情况下,我国传统灌溉农业的可持续发展面临着严重的用水危机,特别是旱区水资源极度短缺,农业用水量占总用水量85%以上,我国制定了农业灌溉水利用率达0.55以上的战略目标,但现有农业用水方式下大规模提升用水效率已经遇到了技术瓶颈,依靠传统的工程节水技术难以突破用水效率的大幅提升,并且传统的农业用水方式引发了突出的生态环境问题。灌溉农业本身加重了水资源的短缺和土壤与水资源的污染风险,所以在高效用水的同时,更要强调多学科交叉性和灌溉农业的环境与生态效应(鄂竟平,2019)。交替隔沟灌溉挖掘了农田节水潜力,在农业节水增效方面发挥了积极作用,交替隔沟灌溉农田的土壤—植物—大气系统(SPAC系统)中水热传输揭示了作物用水过程与环境的关系,其量化表征是实现作物高效用水的重要手段,契合全球气候变化大环境下国家粮食安全、水安全、生态安全保障战略的发展需求,是实现农业可持续发展战略的关键问题(杜太生,2011)。

在全球气候变暖、水资源短缺以及耕地面积减少的大背景下,我国农业用水引起的地表生态环境恶化、地下水位下降、土壤荒漠化等问题持续严峻,有效解决我国粮食安全、水安全和生态安全问题不仅要走作物高产高效之路,同时要提高耕地资源的利用,特别是约占国土面积一半的干旱半干旱区农业用地,旱作农业、灌溉农业和半旱地农业并存已经成为农业用水方式的新格局;调整灌溉方式,充分利用降雨和地下水资源,以满足农田高效生产的需求,是提高干旱缺水农田生产力的重要途径,而挖掘农田和作物自身的抗旱节水潜力是提高农田节水增效的主要出路。交替隔沟灌溉技术是在常规沟灌基础上发展起来的节水灌溉技术,经受适宜干旱—复水—再适宜干旱—再复水的反复锻炼,使作物复水后产生生理上的补偿效应,挖掘了田间和作物自身的节水潜力,所发生的土壤—植物—大气系统(SPAC系统)的水分传输为各界面间相互响应、相互调控的能量传输与转化过程,揭示了其过程与环境因子的关系,充分挖掘作物—农田尺度的水资源潜力,具有作物生理学和农田水利学的理论基础,具有推动农业持续良性发展的潜质。实现农业生产持续良性发展已成为国际社会关注的多学科热点(于贵瑞等,2006),随着信息网络技术和大数据时代的到来,基于过程的农田水热传输研究与基于大数据驱动的以物联网技术为支撑的多尺度、多要素、多过程的生态系统研究有机整合,农田节水增效研究也逐步从农田尺度走向区域乃至全球生态系统(于贵瑞,2018),形成开放共享的大数据文化,支撑以全球气候变化和生态系统功能维持为核心的农业可持续发展理论和应用研究,对服务于人类社会可持续发展和农业生态环境健康发展具有重要的意义。

作物用水过程的量化是实现作物高效用水调控的重要基础,作物受旱复水后的补偿生长是作物高效用水理论研究的热点。研究表明,在干旱逆境下作物在生理生态功能上得到一定程度的恢复或加强,复水后作物对干旱逆境引起的损失具有一定的弥补作用,补偿效应和气孔调节是交替隔沟灌溉的节水调控理论基础,交替隔沟灌溉通过作物根区的水分调控,引起作物生理响应,将产生的胁迫信号传递给叶片,调节叶片气孔开度,从而调控植物与大气间的能量交换,在叶—气界面形成以水汽扩散理论与能量平衡为基础的耗水计算方法,在根—土界面形成逆境胁迫下的作物根系吸水模型,整个过程揭示了土—气、叶—气和土—叶界面与环境的作用机制,各界面间的能量通量相互响应、相互调控,其过程涉及农水、农业生态学和气象学等多学科交叉的研究领域,一直是国际关注的多学科热点(于贵瑞等,2006;Carr M K V,2011;Steinemann S,2015;Roland P,2010)。农田水热传输理论的研究从作物个体逐步扩展为田间、区域及全球领域,受交替隔沟灌溉方式的影响,土—气界面的地表结构不均匀、土壤水热能量存在局部干湿环境的区域性差异,土壤水热分布具有空间变异性,加之作物生理的动态调控,交替隔沟灌溉使田间作物生长处于复杂微环境,考虑区域微环境变化方可真实地反映田间水热传输的实际状况,但在作物生长期考虑土—气界面微环境变化的深入量化研究案例不多。因此,本书拟对交替隔沟灌溉条件下玉米生产、作物需/耗水、土—气界面的土壤蒸发、根—土界面的根系吸水、叶—气界面的农田蒸发蒸腾及土壤水热传输进行系统量化研究,量化农田水分及热量传输过程,揭示交替隔沟灌溉对作物根—冠间信息传递及气孔调节的机制,揭示作物对干旱逆境的适应机制、补偿生长功能及气孔最优调节理论,量化作物根区水热对作物生长的协同效应,促进农业节本增效,为农业可持续发展提供基础理论支撑。

第二节　交替隔沟灌溉技术的国内外研究现状

20 世纪 60 年代中期,国外在干旱半干旱地区开展跳行灌溉和隔沟灌溉研究,评估分析两种灌溉方式下农田节水与作物产量效应。我国于 1997 年提出了控制性交替灌溉(Controlled Alternative Irrigation,CAI)技术(康绍忠等,1997),并从理论上进行了深入探讨。

一、交替隔沟灌溉的农田水分调控过程

植物水分利用的气孔最优调节理论认为,植物在进化过程中演化出适应水分亏缺的结构和保护机制,即在进行光合同化作用的同时,为防止严重失水干燥,尽可能地优化水分利用(Cowan,1982)。研究发现,水分亏缺条件下,当叶片的水分状况未发生变化时,气孔导度已明显下降;进一步研究发现,作物根系能够感知土壤水分的变化,水分胁迫使根尖部合成一种物质(脱落酸,ABA),并通过植株木质部传递给叶片,其浓度的大小使叶片气孔开度做出响应,调节叶片蒸腾失水速率(Zhang 等,2006;Peter Escher 等,2008;杜太生,2007)。在分根交替灌溉的干旱根区恢复供水后,叶片气孔开度由半关闭状态变为明显增大,最后达到充分开启状态(Hsiao 等,1987);若用刀片切除分根交替灌溉中干旱土壤中的一半根,也可恢复叶片的气孔导度和生长速率,并且在没有水分供应的情况下,也能使植物受抑的气孔导度得到恢复(Blackman 等,1985)。在水分调控下气孔导度较小

时,光合速率随气孔导度的增大而增大,但当气孔导度达到某一值时,光合速率增大不再明显(张建华,2001)。因此,当光合速率随气孔导度增大而增大的趋势不明显时,气孔导度的继续增大对光合产物的形成已无实质影响,而这时的叶片蒸腾速率继续增大,属于"奢侈"耗水,从光合与气孔的关系上形成了分根区交替灌溉节水调控的生理学基础,即光合作用与气孔导度呈一种渐趋饱和的关系,而蒸腾失水与气孔导度为线性关系。在适宜水分控制下,作物半根区供水使气孔导度减小,气孔阻力增大,虽然蒸腾速率显著降低,但并不影响作物叶片的水分状况和光合速率,有利于叶片水平的光合水分利用效率的提高。另外,分根区交替灌溉使作物叶片表现出较强的渗透调节能力,诱导叶片的渗透性和细胞壁刚性的升高,植株对水分胁迫的敏感性增强(杜太生,2007)。因此,交替隔沟灌溉从优化气孔行为、调节细胞渗透能力等生理学角度揭示了作物节水理论。

　　交替隔沟灌溉的气孔优化理论是基于节水提出的,水分胁迫下尤以作物细胞的延伸生长最为敏感,轻微的水分胁迫就会使叶片扩张生长受到明显的影响,主要体现在植株矮小,叶片小而少,总的同化面积减小,影响分蘖或分枝以及繁殖器官。适度水分胁迫虽然对作物茎、叶等营养器官的生长有调节抑制作用,但对光合同化产物向穗部或果实转移是有利的,所以交替隔沟灌溉调节了营养生长与生殖生长的生物量分配,控制了作物生长的冗余。控制生长冗余是交替隔沟灌溉技术节水高效生产的重要生理学基础。所谓生长冗余,本是作物适应波动环境的一种生态对策,以便增大稳定性,减少物种灭绝的危险,但这种固有的冗余特性使人类可以对环境施加影响,改善高产栽培中的巨大浪费和负担。采取手段减少冗余,如一些作物生长前期的蹲苗,去除冗余的分枝和分蘖,疏蕾、花、幼果等,这样既可以减少作物获取能量的浪费和负担,也避免了水资源的过度消耗,从生长冗余角度提高了农田水分利用效率。另外,交替隔沟灌溉使作物枝叶呈紧凑型生长,提高了光能截获量,为作物光合产物的形成进行生理优化调节,在葡萄、糯玉米等经济作物的生产应用中都表现出较高的品质(孙万金,2017;农梦玲,2016)。

　　气孔是CO_2和水汽交换的通道,气孔行为同时控制着叶片的光合和蒸腾,调节气孔开度可以实现作物对水分的最优利用。当空气相对湿度下降,而叶片水分状况并未改变时,气孔导性下降,这种气孔的湿度反应不同于土壤水分的胁迫反应。气孔较早关闭防止了叶子可能发生的水分亏缺和水势下降,将这种气孔反应称为前馈式反应或预警系统(张岁岐,2001)。这种气孔前馈式反应可由根冠通讯理论来解释,根冠通讯理论(Blackman P G 等,1985;Davies W J 等,1991;杜太生,2007)反映了作物对获取的有限物质和能量进行最合理、最优化的分配和使用,产生最大超补偿效应,这是作物的又一种自然属性。根冠通讯理论认为,当土壤出现一定程度的干旱时,植物根系迅速感知到干旱,以化学信号(ABA)的形式将干旱信息传递至地上部分,在其地上部的水分状况(叶水势和相对含水量)尚未发生明显改变时即主动降低气孔开度,降低植株生长速率,抑制蒸腾作用,平衡植物的水分利用,以实现植物水分在非充分供水下的最优化分配。交替隔沟灌溉在提高作物水分利用效率的同时,也抑制了地上部叶片的生长,促使更多的同化产物向地下根系运转,从而促进了根系的生长发育,增加了根系的活性表面积。反过来,作物为了维持自身生存的稳定性,保持一定程度上的功能平衡,缩小理想生态位和现实生态位之间的差距,又会尽量地依靠处于相对较湿润区域的根系和扩展了的根系吸收更多的水分,去稀释或削弱干旱根区根系产生的根源信号,使地上部能保持一定的最优生长潜势。交替隔沟灌溉使作物根系群体在一段时间内(如灌后的几天内)处于相对适宜的土壤环境中,此时物质运集中心将由根移向冠,使更多的同化产物分配给茎、叶和穗果,激发冠部生长弹性,从而产生超补偿效应。通过反复的干湿交替、促控结合,最终将使同化产物在作物不同器官间得以最优分配,把地上部茎叶生长冗余减至最低限度,从而优化了作物群体结构,改善了根冠比,提高了资源利用率和生物产量;根冠生长量及根冠比体现了光合产物的积累及分配模式,根量代表碳的贮存和作物吸收水分的能力,较大的根冠比有利于作物抗旱,但过于强大的根系也会影响地上部生长及最终经济产量。研究发现,幼苗期玉米分根控制水分 4~5 d,受胁迫的根系形成大量侧根,根总量和总长超过未胁迫根区(胡田田等,2004)。对小麦幼苗实施垂直分区交替灌溉,上层次生根受旱,根系生长量显著增加,但受旱时间不宜超过 10 d,否则引起根系活力下降。分根区交替灌溉在干燥区域复水后,作物新生细根数量成倍增加,根系活性表面积显著增大,使根系导水能力比充分供水明显增强,对水分亏缺引起的根系吸水不足起到超补偿作用(康绍忠,2001)。与交替灌溉相比,固定半根区灌溉使作物根系活力维持补偿增加的时间很短。因此,用超补偿理论解释适当调控水分培育理想的根冠比,是交替隔沟灌溉节水调控又一重要的生理学依据。交替隔沟灌溉技术通过不同区域根系的干湿交替锻炼,不仅促进根系的均匀生长,增大根—土接触面积,而且改善了土壤通透性,提高了根系吸收活力,同时增加了根对水的透性和土壤离子向木质部的输送,有利于根系对土壤水和矿质营养元素的吸收(农梦玲,2016)。与交替隔沟灌溉相比,固定隔沟灌溉由于部分土壤的长期干旱状态,在一定程度上影响了根系(特别是上层根系)在土壤中的均匀分布,干旱部分的上层土壤中根量少,不利于根系对土壤中养分的吸收。研究认为,交替隔沟灌溉适当水、氮、磷配比可增强土壤转化酶、过氧化氢酶和酸性磷酸酶活性,作物根区微生物、酶代谢活动增强(农梦玲,2016);显著降低土壤硝态氮和矿质态氮淋溶(赵伟,2018);提高了土壤养分的有效利用率。

灌水湿润方式直接影响着棵间土壤蒸发量在总蒸发蒸腾量中所占的比例,因为棵间土壤蒸发主要发生在地表面,并与表层土壤含水量密切相关。当表层土壤含水量较高时,棵间土壤蒸发主要受制于气象条件并以潜在的速率失水;而当表层土壤含水量相对较低时,蒸发不仅受气象条件的影响,还受土壤水分供应的限制,表层土壤含水量愈低,土壤蒸发阻力就愈大。与常规沟灌比较,交替隔沟灌溉湿润农田的地表面积仅为整个地表面积的 1/2 左右,干旱沟的表土较为干燥,田间土壤蒸发较少。另外,由于侧渗的作用,交替隔沟灌溉的土壤在垂直方向上存在着较大的水势梯度,在水平方向上也存在着较大的入渗势,土壤入渗性能的提高,为天然降雨提供了较大的库容,同时减少了深层渗漏和田间径流的发生,提高了田间水分利用效率(潘英华等,2002;孙景生,2005)。农田蒸发蒸腾水分消耗直接影响着农田水分生产能力,水分生产效率是农田水分生产能力的表征,它是作物单位面积产量与蒸发蒸腾量的比值。提高水分生产效率的途径:一是充分利用有限灌溉水资源,提高作物单位面积的经济产量;二是减少作物的蒸发蒸腾耗水量。改进灌水技术是对田间土壤水分进行最优调控的重要技术手段和管理措施。实施交替隔沟灌溉技术,从产量方面来看,作物经历干湿交替锻炼,促控结合,使光合同化产物在作物不同器官之间进行最优分配,减少的仅是生长冗余,而作物经济产量不减或略有增加,产品品质亦有所改善。从作物耗水量方面来看,交替隔沟灌溉的棵间土壤蒸发量明显减少,植株蒸腾耗水量大幅下降。从作物的灌溉用水总量来看,隔沟灌溉土壤的主要根系活动层中备有相对较大的库容接纳天然降水,提高了田间土壤储存雨水的效率,提高了自然降水的利用率。与常规沟灌相比,交替隔沟灌溉的作物水分生产效率提高 17%以上(汪顺生,2011;杜太生,2007)。因此,交替隔沟灌溉减少灌水量的同时降低了棵间土壤蒸发损失,灌溉水利用效率和生产效率同步提高(Kang 等,2002;Zegbe 等,2004;王增丽,2017)。

随着交替隔沟灌溉的节水调控理论不断成熟,交替隔沟灌溉技术已被运用于水稻、玉米、大豆、棉花等大田农作物的生产中(李晓航,2016)。但由于不同气候、灌溉管理措施及品种下作物对水分亏缺的敏感程度不同,如均匀灌溉下大田玉米对水分亏缺的敏感时期为抽雄期和灌浆期,而交替隔沟灌溉下大田玉米对水分亏缺的敏感时期可能前移为喇叭口期至灌浆期(漆栋良,2019);不同作物群体结构对交替隔沟灌溉的水肥利用及生产也存在较大差异(李红峥,2016),这些问题都有待进一步研究明确。另有研究表明,部分根区干燥和湿润可能诱发了棉株体内乙烯浓度升高(Sharp R E,2000;Sharp R E,2002),还有研究认为外施菌拌种可改善根系结构和交替隔沟灌溉的玉米产量(李中阳,2014),限于试验条件,有些理论研究还有待深入,还需进一步丰富交替隔沟灌溉的理论基础,以满足不断革新的生产需求。交替隔沟灌溉在田间管理中具有操作简单、投入低等优点,但也存在配套设备配水均匀性差、机械化难度大等问题。目前,针对交替隔沟灌溉的多孔出流管灌溉系统等灌溉设备处于设计和性能测试阶段(刘英超,2014),设备经历市场优化直至应用还需更长时间。从植物生理学和土壤物理学角度揭示交替隔沟灌溉的可行性和田间水分利用高效性研究已经有了比较系统的结论,但距离交替隔沟灌溉的区域性应用还有很多工作要做。本书根据控制性作物根系分区交替灌溉的试验成果,通过对土壤控制水分进入作物根区的物理过程、根系吸水的生理过程,以及根系的动态性质、补偿功能、根冠间信息传递和相互作用等的深入了解,基于交替隔沟灌溉技术在大田宽行作物灌溉中表现出的节水而不减产的优势,研究交替隔沟灌溉方式对作物水分生理指标、耗水量和产量的影响,并对灌水后的土壤入渗参数变化、作物需水量与耗水量计算,以及指导大田灌溉的水分下限控制指标等开展系统的深入研究,为交替隔沟灌溉方式的大范围推广应用做支撑。

二、交替隔沟灌溉的农田水热传输过程

作物用水过程的量化表征已成为实现作物高效用水的重要手段(康绍忠等,2016)。其一是以植物生理为基础,逐渐加深了对叶片尺度光合—气孔—蒸腾耦合机制的认识,揭示了其过程与环境因子的关系,从而发展出气孔—光合—蒸腾的作物生理学模型(Roland P 等,2010);其二是在深入探讨土壤—植物—大气系统(SPAC 系统)中水分传输与转化过程的基础上,考虑近地面湍流交换和乱流扩散理论,对土—气界面建立了土壤蒸发模型,对根—土界面建立了逆境胁迫条件下作物根系吸水模型。交替隔沟灌溉利用植物生理特性改进了植物水分利用策略,同时改变了近地面小气候和土壤水热分布,此环境下SPAC 系统水热传输过程的定量表达,反映了土壤—植物—大气各要素相互响应、相互反馈的过程,其研究有利于从植物生理学和土壤物理学角度揭示交替隔沟灌溉在资源利用

上的成效。

（一）土壤蒸发及农田蒸发蒸腾计算

1. 土壤蒸发计算

土壤蒸发是反映大气—陆地之间相互作用的一个关键问题，发生在土壤—植物—大气系统内，是土壤水在蒸发力作用下发生相变的复杂过程，牵涉水文学、气象学和土壤学等学科领域，在 SPAC 系统水循环研究中，土壤蒸发是重要环节之一（Emanuele Romano 等，2009）。土壤蒸发由大气条件、土壤表层与内部水分传输共同控制，是土壤中的水分从液态水到汽态水的瞬态变化过程，主要经历三个阶段（Feddes，1971）：第一阶段为土壤水毛管上升阶段，主要受大气条件制约；第二阶段为土壤水（液态水和气态水）孔隙扩散阶段，主要受土壤含水量和土壤孔隙通量影响；第三阶段为土壤水汽深层扩散到大气阶段，蒸发速率取决于土壤物理特性。干旱区的土壤蒸发主要发生在第二阶段（Snyder 等，2000；Ventura 等，2001）。因此，好的蒸发模型应该准确地模拟蒸发第一阶段和第二阶段。当土壤水在土壤表面之下达到饱和时，蒸发是在土壤中进行的，水汽从蒸发面扩散到地表时受到土壤表面阻力的作用，土壤表面阻力是影响土壤蒸发准确性的主要因素之一；当地表水饱和时，土壤表面阻力为零（Sun Shufen，1982）。在土壤蒸发的第一、二阶段，针对裸土，开发了土壤蒸发面不断向下扩展的土壤蒸发潜热模型（孙菽芬等，1998）、基于大气和土壤表面水汽运移的土壤蒸发模型（Marco Bittelli 等，2008；Emanuele Romano 等，2009）等。根据土壤水流流态，土壤蒸发又分为稳态流蒸发和非稳态流蒸发，土壤蒸发计算通常只针对稳态上升流（Hillel，1998），稳态上升流的土壤蒸发计算常采用 Darcy - Buckingham's 定律，忽略热量和重力影响（Mohammad，1993），而实际的土壤蒸发通常发生于非稳定土壤上升流（Gowing 等，2006；Ghasem Zarei 等，2010），其非稳态流研究常作为 Richards 方程数值求解过程中的初始条件和边界条件。在农田，土壤蒸发还受耕作措施和土壤均质性的影响，如地面起伏不平的沟垄，存在非均质边界结构，表层土壤的蒸发量大小也存在空间差异，沟底部大，垄顶小（汪顺生等，2012）受太阳辐射和风的影响，土壤表面水热参数、空气动力学与蒸发速率存在方位差异。因此，不同耕作措施对土壤水热运动的影响及不同的水热状态对作物出苗影响的定量分析，至少应考虑土—气界面水汽散失的二维模型（杨邦杰，1990）。但目前的土壤蒸发模型主要针对裸土，在有植被的农田，近地表大气条件、表层土壤水分环境不同于裸土，在应用土壤蒸发模型时有必要进行适当的参数调整或修正。土壤蒸发计算的关键参数为土壤表面阻力，是土壤蒸发计算准确性的关键，土壤表面阻力计算分理论模型和经验模型，理论模型考虑了土壤的质地、表层结构、水分、温度、地表大气的扰动等，参数较多，而且有些参数不容易确定，实际应用中常采用一些经验公式；土壤水分的空间差异是交替隔沟灌溉异于常规沟灌的主要因素，因此在土壤蒸发的计算中不能忽视表层土壤水分的空间分布。

2. 农田蒸发蒸腾计算

根据作物冠层源面的处理方法，农田蒸发蒸腾的计算方法分三类：单源模型、双源模型和多源模型。

1）单源模型

模型将植被冠层看作"大叶"。其基础计算方法为 Penman 公式，假定蒸发面处于饱和状态,忽略水汽水平运送,适合于裸地蒸发、牧草蒸腾和水面蒸发的计算(Penman,1948),因具有坚实的理论基础,为湿润下垫面农田蒸发蒸腾量的可靠计算方法。后来基于干燥力和气孔阻力概念的引入(Penman,1956),提出了表面阻力概念(Monteith,1963),开始研究蒸发面处于非饱和状态的农田蒸发蒸腾,假定冠层温度与叶温及蒸发表面温度相等,提出了 Penman-Monteith 模型(简称 PM 模型)(Monteith,1963)。PM 模型具有大气物理学和植物生理学的理论基础,为非饱和蒸发面的蒸发研究开辟了新途径。PM 模型包括控制下垫面(高度均匀、面积无限大)能量交换及相应潜热通量(蒸散发)的所有参数,只要获得这些参数,就可计算任何农田蒸发蒸腾。然而,有些参数,如反射率、空气动力学阻力和冠层表面阻力等,在生长季内随着气象条件、作物生长及灌溉方式的变化而不断变化,此时准确估算农田蒸发蒸腾是非常困难的。为了使农田蒸发蒸腾量的计算有统一的基础,引入一种假想的参考作物(Allen 等,1998),假设作物高度为 0.12 m,具有固定的冠层阻力 70 s/m,表面反射率为 0.23,非常类似于表面开阔、高度均匀一致、完全遮盖地面而不缺水的绿色草地的蒸发蒸腾量。这种依据参考作物的农田蒸发蒸腾量计算方法称为参考作物法。参考作物法计算农田蒸发蒸腾量,涉及两个重要的参数,即参考作物蒸发蒸腾量(ET_0)和作物系数(K_c)。作物系数表达了作物对异于参考作物所处环境的因素修正,表示作物特有的水分利用,其准确估算对某一区域不同作物的灌溉需水量至关重要。由于选定的参考作物是全球统一的,参考作物法的计算结果在世界各地具有可比性。ET_0 的计算只与气象因素有关,它反映了不同地区、不同时期大气蒸发力的影响。通过对 20 种蒸发蒸腾量计算方法的对比发现,不论在干旱还是湿润地区,参考作物法具有较好的通用性和稳定性,估算精度很高(Jensen,1990),在世界各地均可使用(白晓君,1998)。但由于作物系数随着特定作物的性质和气候条件而变化,受作物高度、作物—土壤表面反射率、冠层阻力、土壤蒸发及田间管理水平等因素影响,我国研究者在应用 PM 模型时对具体参数进行进一步修订,如依据作物冠层表面及冠层下方土壤表面的净辐射资料建立的蒸发蒸腾分摊模型;基于 SPAC 理论的田间蒸发蒸腾量模型等(康绍忠,1995;孙景生,1995;刘钰,2001)。PM 模型为单源模型的代表模型,能够较好地估算作物密集冠层的农田蒸发蒸腾量。

2)双源模型

对于稀疏植被,土壤与作物应作为两个独立的水汽汇源面考虑,但两个面的能量通量是相互连通、相互作用的,土壤和作物两个源汇面的水热特性既有独立性又相互联系,因此对于稀疏作物,将田间的蒸发蒸腾分为土壤蒸发和作物蒸腾两部分考虑。假设植被冠层的水汽和热量通量是连续的,引入土壤阻力和冠层阻力参数,Shuttleworth 和 Wallace(1985)提出了用于稀疏植被蒸发蒸腾量计算的 Shuttleworth-Wallace 模型(简称 S-W 模型),S-W 模型为双源模型的代表模型。S-W 模型对半干旱地区的草地和野生灌木丛的蒸散量计算精度比 PM 模型显著提高(Stannard,1993),在对葡萄园的潜热通量估算中也表现出较好的效果(Ortega-Farias,2010)。S-W 模型可用于蒸发蒸腾量的作物不同阶段或日变化模拟(Hu 等,2009;Teh 等,2006)。S-W 模型的计算可靠性主要依赖于太阳净辐射、冠层阻力和土壤表面阻力参数(Zhou 等,2006),它单独考虑了土壤层,提高了叶面积指数较小($LAI \leqslant 4$)时稀疏植被的蒸发蒸腾量计算精度,既可估算农田总的蒸发蒸腾量,还可以对土壤面的蒸发和植被蒸腾进行分离评价,应用于垄作农田、热带农作物、热带雨林等稀疏植被系统及灌木的蒸腾量计算中(Daamen,1997)。

3)多源模型

对于垂直方向具有多层结构的多植被群体和叶面积指数比较大($LAI \geqslant 4$)的多层封闭型冠层,如高、矮秆作物间作系统,不同高度作物的农田或林地,其蒸发蒸腾量估算应考虑土壤和各层植被多个能量通量面,于是在 S-W 模型的理论基础上发展起多源模型,其代表模型为 Clumping 模型(简称 C 模型)(Brenner 等,1997),它将植被冠层分层考虑,其群体的潜热通量为各层植被潜热通量的加权和,计算精度优于 S-W 模型(Brenner 等,1997;Zhang 等,2008)。C 模型理论比较完善,涉及多个冠层面,参数多,计算较复杂,应用于特定环境中。

(二)作物根系吸水模型

根系吸水是土壤—植物—大气系统(SPAC 系统)中水分循环的一个重要环节。在作物生长条件下,根系吸水作为 SPAC 系统土壤水热动态模型的一个汇函数。目前,研究根系吸水主要有两种方法:一种是微观模型(Gardner,1960),考虑土壤水分进入和流出单个根系的径向流,根系看作是一个无限长半径和吸水性能均匀的圆筒,是研究单根吸水的理想化机制模型,这类模型参数复杂,适于根系吸水机制方面的研究;另一种是宏观模型,一般假设根系在水平方向均匀分布,重点考虑了垂直方向根系吸水规律,能应用于整个根区的土壤水分动态模拟。由于实际应用的需要,宏观模型研究不断发展,包括以下几个方面:

(1)依赖于土壤水力特性参数的模型。在土壤充分供水时,作物根系吸水能力强,作物以潜在速率蒸腾,此时根系吸水速率较为恒定,几乎不受土壤水力条件限制(Van den Berg 等,2002);当作物潜在蒸腾结束,土壤含水量在临界值以下时,作物根系吸水能力弱于潜在蒸腾,作物蒸腾速率随土壤含水量下降而减小(Feddes 等,2004;Kozak 等,2005);当土壤含水量在萎蔫点以下时,植物蒸腾速率趋于0。当作物蒸腾速率处于0与潜在值之间时,根系吸水模型通常是关于土壤含水量、水势或压力水头的函数(Feddes 等,1988;Metselaar 等,2007;De Jong van Lier 等,2009)。研究发现,在土壤含水量从高到低的过程中,湿润土层对干燥土层的根系吸水存在补偿作用,因此提出了根系吸水补偿机制模型(Lai 等,2000;Li K Y,2001)。模型的补偿机制通常是通过局部含水量和整体根区水分最大储存量来描述的,确保深层水分是有效的,即当表层含水量趋近于凋萎含水量时可以调动深层土壤水分进行根系吸水,其水分胁迫函数由凋萎含水量和饱和含水量来表示(Lai C T 等,2000)。还有些根系吸水模型在特定的试验条件下由土壤量平衡反推得到,如康绍忠(1992)、Dardanelli (2004)模型。这类模型主要依赖于土壤水力特性,对土壤水力参数非常敏感,有一定的物理学和生理学意义。

(2)依赖于根系吸水强度的根系吸水模型。这类模型假设作物蒸腾量在根系深度上按比例分配,分别考虑土壤水力特性和根系密度分布,属于半理论半经验模型,一般以 Feddes 模型为基础,如 Li K. Y. (2001)模型。模型假设任何土层中的土壤水分不应超过同层潜在蒸腾量,认为水分胁迫发生在个别土层,根系不会通过较湿润层吸水来补偿胁迫层。然而,一些研究指出,上层土壤蒸发将大部分有效水耗尽时,根系能吸收深层的、稀疏根区的或湿润土层的水分产生补偿机制(Arya 等,1975)。Li 等(2001)通过与根系分布和土壤水分胁迫函数有关的加权胁迫函数来发展一个水分胁迫-根系补偿吸水模型(Li K. Y. 等,2001),并被吸收进土壤—植物—大气系统的水分运动模拟模型(Roose 等,2004)。在土壤水分胁迫期间,植物根系吸收土壤水分的性能取决于根系深度和分布,大多根系吸水模型假设根系吸水为根长密度的函数,但 Passioura(1988)研究认为根系生长优先选择在裂痕或大孔隙处,并不适合水平方向根系均匀分布的假设,并假设根系吸水与根长密度成比例,认为根系到达土层的土壤含水量随时间指数减小,提出了土壤含水量随时间变化呈指数衰减函数(Monteith,1986;Passioura,1983)。因此,此类模型考虑了土壤、植物和大气因素对根系吸水的影响,但没明确根系密度水平分布与土壤水分的关系。

(3)根系吸水模型的改进与发展。根系吸水模型在实际应用中,一般会根据模型的理论基础结合应用场景进行选择或改进,如根据土壤水分胁迫复水后的作物蒸腾与土壤水分变化不同步,进行模型参数的优化,尽可能规避或减少滞后影响(吴训等,2020);在盐渍化地区,水盐胁迫对作物根系吸水的影响较为显著,发展了水盐胁迫条件下作物根系吸水模型(高晓瑜等,2013;Sepaskhah,2010),还有果树的二维根系吸水模型(龚道枝,2004)等。随着根系原位三维测量技术和信息技术的发展(陈富强等,2018),植物根系的三维立体模型成为根系吸水模型的发展趋势。

作物根系吸水是 SPAC 系统中水分循环重要的一环(陈立等,2018),是土壤水均衡计算中较难确定的问题,合适的根系吸水模型对于旱区农业用水、水资源及生态环境管理十分重要。

(三)土壤水热耦合模型

土壤—植物—大气系统中水热传输和转换关系的研究,是地表物质迁移和能量转化研究的重要内容,也是农田生态系统的重要组成部分。根据毛管理论,当土壤温度变化时,将会对土壤水的理化性质、水质及土壤水分运动参数产生影响,在土壤比较干燥时,会引起水的相变,而水汽的运动主要是由温度梯度引起的,所以在非饱和带中若不考虑温度影响和水汽运动,势必给土壤水分的模拟带来一定的误差(冯宝平等,2002)。为此,发展了非恒温条件下液态水和气态水流的运动方程(Philip 等,1957)。由于裸土或作物苗期土壤水分的损失,大部分水汽运移通过地表 10 cm 干土层发生,土壤温度变化影响土壤水分的传输与扩散,因此模拟和分析蒸发条件下的土壤水分动态应同时考虑水与热的传输。Philip,De Vries(1957,1958)提出了土壤水热耦合迁移理论。在农作物的生产过程中,影响作物生长发育的主要因素有土壤、水分、温度、光照等,土壤是一种具有传热传质作用的多孔介质(郑继勇,2000),在土壤中,一切生命活动(如作物根系生长)和化学过程(如腐殖质的分解)都离不开水热能量的吸收、释放与转化,经过 60 多年的发展,土壤水热流的耦合研究已由简单的能量垂向迁移向多维耦合发展,交替隔沟灌溉的农田土壤在灌水区域与非灌水区域之间存在明显的水势梯度和温度势梯度,其土壤水热运动具有多维空间分布特性(Kosuke Noborio,1995;杨邦杰等,1996)。在土体中水分运动和热量传输是一个相互牵制、相互促进、相互影响的耦合过程,水热的有益耦合可以增强土壤肥力、促进作物生长(任荣,2018)。而田间土壤水分和温度的空间变化使土壤水热耦合迁移过程变得复杂,揭示土壤水热迁移空间分布特性的多维水热耦合模型可为农田生态系统的决策与管理提供理论支撑。

参考文献

[1] 白晓君,段爱旺,刘志广,等译.美国国家灌溉工程手册[M].北京:中国水利水电出版社,1998.

[2] 陈富强,周学成,李一海,等.原位根系三维构型测量系统的设计与实现[J].计算机工程与应用, 2018,54(10):249-255.

[3] 陈立,王文科,赵明,等.宏观根系吸水补偿模型研究进展[J].南水北调与水利科技,2018,16(5): 122-127.

[4] 杜太生,康绍忠,张建华.交替灌溉的节水调质机理及同位素技术在作物水分利用研究中的应用 [J].植物生理学报,2011,47(9):823-830.

[5] 杜太生,康绍忠,张建华.不同局部根区供水对棉花生长与水分利用过程的调控效应[J].中国农业 科学,2007,40(11):2546-2555.

[6] 杜太生,康绍忠,王振昌,等.隔沟交替灌溉对棉花生长、产量和水分利用效率的调控效应[J].作物 学报,2007,33(12):1982-1990.

[7] 鄂竟平.水利工程补短板,水利行业强监管[J].中国防汛抗旱,2019,29(1):3.

[8] 冯宝平,张展羽,张建丰,等.温度对土壤水分运动影响的研究进展[J].水科学进展,2002,13(5): 643-648.

[9] 高晓瑜,霍再林,冯绍元,等.水盐胁迫条件下作物根系吸水模型研究进展及展望[J].中国农村水 利水电,2013(1):45-48.

[10] 龚道枝,康绍忠,张建华,等.苹果树蒸发蒸腾量的测定和计算[J].沈阳农业大学学报,2004,35 (Z1):429-431.

[11] 胡田田,康绍忠,高明霞,等.玉米根系分区交替供应水、氮的效应与高效利用机理[J].作物学报, 2004,30(9):866-871.

[12] 侯宪东,汪志荣,张建丰.非饱和土壤水分运动数值模拟研究综述[J].水资源与水工程学报,2006, 17(4):41-45.

[13] 康绍忠,张建华,等.控制性交替灌溉———一种新的农田节水调控思路[J].干旱地区农业研究, 1997,15(1):1-6.

[14] 康绍忠,潘英华,石培泽,等.控制性作物根系分区交替灌溉的理论与试验[J].水利学报,2001 (11):80-86.

[15] 康绍忠,霍再林,李万红.旱区农业高效用水及生态环境效应研究现状与展望[J].中国科学基金, 2016,30(3):208-212.

[16] 康绍忠,张富仓,刘晓明.作物叶面蒸腾与棵间蒸发分摊系数的计算方法[J].水利科学进展,1995, 6(4):285-289.

[17] 李晓航,盛坤,杨丽娟,等.冬小麦垄作交替隔沟灌溉的研究现状与展望[J].中国农学通报,2016, 32(33):34-38.

[18] 李红峥,曹红霞,吴宣毅,等.沟灌方式与灌水量对温室番茄生长指标的影响[J].节水灌溉,2016 (9):9-13.

[19] 李中阳,齐学斌,樊向阳,等.不同灌溉方式下丛枝菌根对玉米产量及籽粒氮素含量的影响[J].中 国农村水利水电,2014(4):4-7.

[20] 刘英超.根系分区交替灌溉系统的设计及其流动特性的试验研究[D].北京:中国农业大学,2014.

[21] 刘钰,Perira L S.气象数据缺测条件下参照腾发量的计算方法[J].水利学报,2001(3):11-17.

[22] 农梦玲,张潇潇,李伏生.沟灌方式和肥料运筹对甜糯玉米产量、品质和土壤酶活性的影响[J].灌溉排水学报,2016,35(10):52-58.

[23] 潘英华,康绍忠,杜太生,等.交替隔沟灌溉土壤水分时空分布与灌水均匀性研究[J].中国农业科学,2002,35(5):531-535.

[24] 漆栋良,胡田田,宋雪.交替隔沟灌溉制度对制种玉米耗水规律和产量的影响[J].农业工程学报,2019,35(14):64-70.

[25] 孙万金,李记明,张振文,等.隔沟交替灌溉对蛇龙珠葡萄与葡萄酒品质的影响研究[J].中国果菜,2017,37(9):19-23.

[26] 孙景生,康绍忠,崔文军.不同沟灌条件下土壤入渗参数的估算[J].灌溉排水学报,2005,24(4):46-51.

[27] 孙菽芬,牛国跃,洪钟祥.干旱及半干旱区土壤水热传输模式研究[J].大气科学,1998,22(1):1-10.

[28] 孙景生,陈玉民,康绍忠,等.夏玉米田水热耦合运移的数值模拟[J].灌溉排水,1995,14(13):24-29.

[29] 汪顺生,费良军,孙景生,等.控制性交替隔沟灌溉对夏玉米生理特性和水分生产效率的影响[J].干旱地区农业研究,2011,29(5):115-120.

[30] 汪顺生,费良军,高传昌,等.不同沟灌方式下夏玉米棵间蒸发试验[J].农业机械学报,2012,43(9):66-71.

[31] 王增丽,朱兴平,温广贵.不同灌溉方式对制种玉米产量及水分利用效率的影响[J].节水灌溉,2017(1):12-16.

[32] 吴训,石建初,左强.基于作物水分关系改进土壤水分胁迫修正系数的反求方法[J].水利学报,2020(51):212-222.

[33] 于贵瑞,伏玉林,孙晓敏,等.中国陆地生态系统通量观测研究网络(China FLUX)的研究进展及其发展思路[J].中国科学(D辑),2006,36(增刊2):1-21.

[34] 于贵瑞,何洪林,周玉科.生态系统观测与研究[J].2018,33(8):832-837.

[35] 张建华,贾文锁,康绍忠.根系分区灌溉和水分利用效率[J].西北植物学报,2001,21(2):191-197.

[36] 张岁岐,李金虎,山仑.干旱下植物气孔运动的调控[J].西北植物学报,2001,21(6):1263-1270.

[37] 赵伟,唐磊,杨圆圆,等.不同灌水方式对番茄品质、土壤养分及地温的影响[J].北方园艺,2018(09):133-138.

[38] 杨邦杰,陈镜明.二维土壤蒸发过程的数值分析[J].生态学报,1990,10(4):291-297.

[39] 杨邦杰.耕作的数值模型及其应用[J].生态学报,1996,16(6):591-601.

[40] 任荣.非等温条件下土壤水热耦合迁移数值模拟研究[D].太原:太原理工大学,2018.

[41] 郑继勇,邵明安.农业污染物在多孔介质中迁移的研究进展[J].土壤保持学报,2000,14(5):68-72.

[42] Allen R G, Pereira L S, Raes D, et al. Crop evapotranspiration guidelines for computing crop water requirements[J]. Irrigation and Drain, Paper No. 56. FAO, Rome, 1998.

[43] Arya L M, Blake G R, Farrell D A. A field study of soil water depletion patterns in presence of growing soybean roots: II. Effect of plant growth on soil water pressure and water loss patterns[J]. Soil Science Society of America, 1975a. 39, 430-436.

[44] Arya L M, Blake G R, Farrell D A. A field study of soil water depletion patterns in presence of growing soybean roots: III. Rooting characteristics and root extraction of soil water[J]. Soil Science Society of America, 1975b, 39: 437-444.

[45] Blackman P G, Davies W J. Root-to-shoot communication in maize plants of the effects of soil drying[J]. Experimental Botany, 1985, 36: 39-48.

[46] Brenner A J, Incoll L D. The effect clumping and stomatal response on evaporation from parsely vegetated shrublands[J]. Agricultural and Forest Meteorology, 1997, 84: 178-205.

[47] Carr M K V, Lockwood G. Water relations and irrigation requirements of cocoa(Theobroma cacao L.): a review[J]. Experimental Agriculture, 2011, 47(4): 653-676.

[48] Cowan I R. Regulation of water use in relation to carbon gain on higher plants. In: Lange O L, et al. (Ed.), Physiological Plant Ecology II[J]. Springer, Berlin, 1982: 589-614.

[49] Daamen C C. Two source model of surface fluxes for millet fields in Niger[J]. Agricultural and Forest Meteorology, 1997, 83: 205-230.

[50] Davies W J, Zhang J. Root signals and the regulation of growth and development of plants in drying soil [J]. Ann Rev Plant Physiol Mol Biol, 1991, 42: 55-76.

[51] De Jong van Lier Q, Dourado Neto D, Metselaar K. Modeling of transpiration reduction in van Genuchten-Mualem type soils[J]. Water Resource Research, 2009: 45.

[52] Escher P, Peuke A D, Bannister P, et al. Transpiration, CO_2 assimilation, WUE, and stomatal aperture in leaves of Viscum album(L.): Effect of abscisic acid(ABA) in the xylem sap of its host(Populus x euamericana)[J]. Plant Physiology and Biochemistry, 2008, 46(1): 64-70.

[53] Emanuele Romano, Mauro Giudici. On the use of meteorological data to assess the evaporation from a bare soil[J]. Journal of Hydrology, 2009, 372: 30-40.

[54] Feddes R A. Water, heat and crop growth [PhD thesis]. Comm. Agric. Univ[J]. Institute of Land and Water Management Research, Wageningen, 1971: 184.

[55] Feddes R A, Kabat P, Van Bakel P J T, et al. Modelling soil water dynamics in the unsaturated zone-state of the art[J]. Journal Hydrology, 1988, 100: 69-111.

[56] Feddes R A, Raats P A C. Parameterizing the soil-water-plant root system. In: Feddes R A et al. (Eds.), Unsaturated-zone Modeling: Progress, Challenges and Applications. Wageningen UR Frontis Series[M]. Kluwer Academic Publ. , Dordrecht, The Netherlands, 2004: 95-141.

[57] Gardner W R. Dynamic aspects of water availability to plants[J]. Soil Science, 1960, 89: 63-73.

[58] Gowing J W, Konukcu F, Rose D A. Evaporation flux from a shallow water table: the influence of a vapor-liquid phase transition[J]. Journal Hydrology, 2006, 321: 77-89.

[59] Ghasem Zarei, Mehdi Homaee, Abdol Majid Liaghat, et al. A model for soil surface evaporation based on Campbell's retention curve[J]. Journal of Hydrology, 2010, 380: 356-361.

[60] Hu Z M, Yu G R, Zhou Y L, et al. Partitioning of evapotranspiration and its controls in four grassland ecosystems: Application of a two-source model[J]. Agricultural and Forest Meteorology, 2009, 149: 1410-1420.

[61] Hsiao T C, Jing J H. Leaf and root expansive growth in response to water deficits. In: Physiology of Expansion during Plant Growth(Eds. by Cosgrove D J and Knievel D P)[J]. American Society of Plant Physiology, Rockvilla M D, USA, 1987: 180-192.

[62] Hillel D I. Environmental soil physics. Evaporation from Bear-Surface Soils and Winds Erosion[J]. Academic Press Incorporated. 1998: 508-522.

[63] Jensen M E, Burman R D, Allen R G. Evapotranspiration and irrigation water requirements[J]. ASCE manual, 1990: 70.

[64] Kang S Z, Hu X T, Goodwin I, et al. Soil water distribution, water use, and yeild response to partial root

zone drying under a shallow groundwater table condition in a pear orchard[J]. Scientia Horticulturae, 2002,92:277-291.

[65] Kosuke Noborio. A Two-dimensional finite element model for solution, heat, and solute transport in furrow-irrgate soil[J]. Texas A&M University, doctoral dissertation of philosophy, 1995.

[66] Kozak J A, Ahuja L R, Ma L, et al. Scaling and estimation of evaporation and transpiration of water across soil textures[J]. Vadose Zone Journal, 2005, 4:418-427.

[67] Lai C T, Katul G. The dynamic role of root-water uptake in coupling potential to actual transpiration[J]. Advances in Water Resource, 2000, 23(4):427-439.

[68] Li K Y, De J R, Boiser T J B. An exponentiao root-water-uptake model with water stress compensation [J]. Journal of Hydrology, 2001, 252(1):189-204.

[69] Marco Bittelli, Francesca Ventura , Gaylon S, et al. Coupling of heat, water vapor, and liquid water fluxes to compute evaporation in bare soils[J]. Journal of Hydrology, 2008, 362:191-205.

[70] Metselaar K, De Jong van Lier Q. The shape of the transpiration reduction function under plant water stress[J]. Vadose Zone Journal 2007, 6:124-139.

[71] Monteith J L. How do crops manipulate water supply and demand[J]. Phil. Trans. Royal Society. London A, 1986, 316:245-259.

[72] Monteith J L. Environmenntal control of plant growth(Evans L T, ed.)[J]. New York: Aeademic Press, 1963:95-112.

[73] Mohammad F S. Effect of evaporation on water table drawdown under hot climatic conditions[J]. Dirasat. (Pure Apply Science) 1993, 20:16-33.

[74] Neuman, S. P. Saturated-unsaturated seepage by finite elements[J]. Journal of Hydraulic Division, ASCE, 1973, 99:2233-2250.

[75] Ortega-Farias S, Poblete-Echeverri C, Brisson N. Parameterization of a two-layer model for estimating vineyard evapotranspiration using meteorological measurements [J]. Agricultural and Forest Meteorology, 2010, 150:276-286.

[76] Passioura J B. Roots and drought resistance[J]. Agricultural Water Management, 1983, 7:265-280.

[77] Penman H L. Evaporation: An introductory survey[J]. Netherlands Journal of Agricultural Science, 1956, 4(1):9-29.

[78] Penman H L. Natural evaporation from open water, bare soil and grass. Proceedings of the Royal Society of London[J]. Series A 193, Mathematical and Physical Sciences, 1948, 193(1032):120-145.

[79] Philip J R, De Vries D A. Moisture movement in porous materials under temperature gradient[J]. Transactions, American Geophysical Union, 1957, 38:222-232.

[80] Roland P, Gregor H, Joseph A. Control of transpiration by radiation[J]. Proceedings of the National Academy of Sciences of the United States of America, 2010, 107:13372-13377.

[81] Roose T, Fowler A C. A model for water uptake by plant roots[J]. Journal of Theoretical Biology, 2004, 228:155-171.

[82] Sepaskhah A R, Yaramin. Evaluation of macroscopic water extraction model for salinity and water stress in saffron yield production[J]. International Journal of Plant Production, 2010, 4(3):175-186.

[83] Steinemann S, Zeng Z, McKay A, et al. , Dynamic root responses to drought and rewatering in two wheat (Triticumaestivum) genotypes[J]. Plant and Soil, 2015, 391:139-152.

[84] Stannard D I. Comparison of Penman-Monteith, Shuttleworth-Wallace, and Modified Priestley-Taylor Evapotranspiration Models for wildland vegetation in semiarid rangeland[J]. Water Resources Research, 1993:

1379-1392.

[85] Sun S F. Moisture and heat transport in a soil layer forced by atmospheric conditions [M. S. Thesis.] [J]. Department of Civil Engineering, University of Connecticut, 1982:1-251.

[86] Snyder R L, Bali K, Ventura F, et al. Estimating evaporation from bare or nearly bare soil[J]. Journal of irrigation and Drainage Engineering, 2000, 126(6):399-403.

[87] Sharp R E, LeNoble M E, Else M A, et al. Endogenous ABA maintains shoot growth in tomato independently of effects on plant water balance:evidence for an interaction with ethylene[J]. J Exp Bot, 2000, 51 (350):157-15584.

[88] Sharp R E, LeNoble M E. ABA, ethylene and the control of shoot and root growth underwater stress[J]. J Exp Bot, 2002, 53(366):33-37.

[89] Shuttleworth W J, Wallace J S. Evaporation from sparse crops an energy combination theory[J]. Quarterly Journal Royal Meteorological Society, 1985, 111:829-855.

[90] Teh C, Simmonds L P, Wheeler T R. Modelling the partitioning of evapotranspiration in a maize-sunflower intercrop[J]. Malaysian Journal of Soil Science, 2006, 6:27-41.

[91] Van den Berg M, Driessen P M. Water uptake in crop growth models for land use systems analysis: I. A review of approaches and their pedigrees[J]. Agriculture, Ecosystems & Environment, 2002, 92:21-36.

[92] Van Genuchten M Th. A Closed-form Equation for Predicting the Hydraulic Conductivity of Unsaturated Soils[J]. Soil Science Socenty Americia Journal, 1980, 44(5):892-898.

[93] Ventura F, Faber B, Bali K, et al. A model for estimating evaporation and transpiration from row crops [J]. Journal of irrigation and Drainage Engineering, 2001, 127(6):339-345.

[94] Zegbe J A, Behboudian M H, Clothier B E. Partial Root Zone Drying is a Feasible Option for Irrigating Processing Tomatoes[J]. Agricultural Water Management, 2004, 68:195-206.

[95] Zhang J H, Jia W S, Yang J C, et al. Role of ABA in integrating plant responses to drought and salt stresses[J]. Field Crops Research, 2006, 97(1):111-119.

[96] Zhang B Z, Kang S Z, Li F S, et al. Comparison of three evapotranspiration models to Bowen ratio-energy balance method for a vineyard in an arid desert region of northwest China[J]. Agricultural and Forest Meteorology, 2008a, 148:1629-1640.

[97] Zhou M C, Ishidair H, Hapuarachchi H P, et al. Estimating potential evapotranspiration using Shuttleworth-Wallace model and NOAA-AVHRR NDVI data to feed a distributed hydrological model over the Mekong River basin[J]. Journal of Hydrology, 2006, 327:151-173.

第二章　交替隔沟灌溉条件下玉米生产能力

研究发现,交替隔沟灌溉可以减少作物生长冗余,促进光合同化产物向作物不同的组织器官分配。此外,控制性交替灌溉对植物生理特性产生一定影响,如处于次生木质部发育阶段的咖啡树花芽,在水分亏缺重新复水后,能刺激花芽开花,不受黎明或中午的叶片水分状况影响;在玉米的研究中发现,干旱复水后,玉米叶片含水量和光合速率无明显变化,但叶片气孔阻力和蒸腾速率明显下降,叶片光合水分利用效率有所增加。因此,交替隔沟灌溉在不影响作物光合速率的情况下,有利于蒸腾效率的提高,优化了气孔行为,从而达到提高叶片光合水分利用效率的目的。在粉黏壤土、沙壤土、壤土等多类型土壤实施交替隔沟灌溉后发现,玉米、高粱、马铃薯、大豆和棉花等作物的产量与常规沟灌无明显差异,在水分适宜的情况下,甚至实现显著增产,交替隔沟灌溉节水20%~50%,同时减少了径流损失和土壤表面蒸发损失,提高了农田水分利用效率,改进了植物水分利用策略研究。

为了系统说明交替隔沟灌溉条件下玉米生长情况,分别于1998年和2000年的6~9月、2003年的6~9月在中国农业科学院农田灌溉研究所作物需水量试验场(河南新乡)防雨棚下测坑和大田中开展夏玉米交替隔沟灌溉试验,前茬作物为冬小麦,土壤为粉沙壤土,容重为1.35 g/cm³,田间持水量为干土重的24%;供试品种为掖单13号,株距30 cm。于2005年的5~10月在沈阳农业大学水利学院试验基地(辽宁沈阳)露天测坑中开展夏玉米的交替隔沟灌溉试验,玉米季除外,测坑土壤处于休耕状态,土质为潮棕壤土,土壤容重为1.38 g/cm³,田间持水量为35.8 cm³/cm³,凋萎系数为0.24 cm³/cm³;供试品种为沈玉17,株距40 cm。采用垄植沟灌方式,沟垄断面结构为梯形(见图2-1),相邻两垄顶或沟底宽度及沟深均为20 cm,沟底坡降2‰左右。两处试验设置如下:

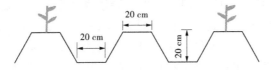

图2-1　梯形沟垄剖面示意图

(1)中国农业科学院农田灌溉研究所试验:防雨棚下测坑和大田同步进行,测坑上口为2 m×3.33 m,灌溉分为常规沟灌、固定隔沟灌溉和交替隔沟灌溉3种方式。灌水控制下限设置3个水平,分别为田间持水量的60%(L-60)、70%(L-70)和80%(L-80);试验采用完全随机区组设计,共9个处理,重复3次。当湿润灌水沟的根系层土壤水分达到控制下限时实施灌溉。常规沟灌灌水定额为450 m³/hm²,隔沟灌溉的灌水定额为300 m³/hm²。

(2)沈阳农业大学试验:测坑规格为1.2 m×1.0 m×1.0 m(深),灌水方式为常规沟灌和交替隔沟灌溉。灌水下限为根系层土壤含水量达到田间持水量的65%~70%,当湿沟的作物根系层土壤水分达到灌水下限时开始灌溉,灌至田间持水量的95%。玉米各阶段根系层深度分别为:拔节期之前为0.4 m、拔节—抽雄期为0.6 m、抽雄期之后为0.8 m。将常规沟灌的灌水定额记为 M,则交替隔沟灌溉的灌水定额分别为2/3M和1/2M,共3个处理,具体处理情况见表2-1。

表2-1　试验处理和灌水定额

处理	拔节期之前(mm)	拔节—抽雄期(mm)	抽雄期之后(mm)
常规沟灌(M)	27	39	52
交替隔沟灌溉(2/3M)	18	27	36
交替隔沟灌溉(1/2M)	13.5	19.5	26

第一节　玉米生长

在作物受到水分胁迫后,叶片表面气孔开度会变小,使通过气孔进行的气体交换过程所受的阻力增加。交换阻力的增加对叶片光合速率和蒸腾速率的影响是不完全相同的。交替隔沟灌溉通过控制灌水,交替性地使其中的部分根系处于良好供水环境,另一部分根系则处于水分胁迫状态。通过补偿作用,处于良好供水环境中的根系吸收能力增加,可以满足植株吸水需求;而处于干旱区域的根系则可提供植株受到水分胁迫的信号,引导植株叶片做出某些反应以减少水分散失。定期交替性地灌溉,使每一区域的根系都有部分时间处于良好供水状态,部分时间处于胁迫状态,从而发挥供水充分根系和供水不足根系各自的有利作用,达到节水增产的目标。

一、玉米株高

灌水方式和水分控制下限对夏玉米各阶段株高产生明显的影响(见表2-2)。同一灌水方式下,灌水下限L-80的玉米株高高于低水分处理,说明夏玉米的向上延伸生长对水分供应比较敏感,即便是较轻的水分胁迫,也会导致植株变矮。在夏玉米苗期,灌水方式和水分处理对株高的影响已经显现,同一灌水方式L-80与L-60的株高差异基本在8 cm以上;相对而言,同一水分下限不同灌溉方式对玉米株高的影响较小,如表2-2(a)L-70处理,7月2日常规沟灌玉米株高为62.0 cm,仅比固定隔沟灌溉和交替隔沟灌溉分别高出3.6 cm和1.3 cm,其中交替隔沟灌溉的玉米长势初显优于固定隔沟灌溉。在夏玉米拔节期,进入旺盛的营养生长期,对水分的需求比较敏感,隔沟灌溉下3个水分处理之间的株高差距拉大,至玉米开始抽雄时,L-60的株高比L-80低29 cm以上,至抽雄结束时差距仍在24 cm以上[见表2-2(a)、(b)]。比较三种灌水方式对玉米最终株高的影响,L-80水分处理:交替隔沟灌溉比常规沟灌低,但比固定隔沟灌溉高;L-70水分处理:交替隔沟灌溉比常规沟灌低10.0 cm以上,但比固定隔沟灌溉高11.4 cm;L-60水分处理:交替隔沟灌溉比常规沟灌低12 cm以上,但比固定隔沟灌溉高6.4 cm[见表2-2(a)、(b)]。三种水分处理下交替隔沟灌溉的玉米株高比常规沟灌低2.2%~17.0%,比固定隔沟灌溉高 1.6%～7.0%。2005 年玉米季雨量较为充沛,使得高灌水定额的交替隔沟灌溉(2/3M)玉米株高与常规沟灌接近,低灌水定额的交替隔沟灌溉(1/2M)玉米株高比常规沟灌低 10 cm[见表 2-2(c)]。表明交替隔沟灌溉可以在一定程度上有效地抑制作物株高的生长,但水分控制下限和灌水定额不能定得太低。

表 2-2(a) 灌水方式对夏玉米株高的影响(2000 年新乡)

处理		株高(cm)				
灌水方式	水分控制下限	7 月 2 日	7 月 9 日	7 月 18 日	7 月 29 日	8 月 8 日
常规沟灌	L-80	64.3	101.4	138.9	209.0	223.2
	L-70	62.0	100.6	137.0	208.0	222.0
	L-60	55.8	92.7	130.8	197.8	212.5
固定隔沟灌溉	L-80	61.5	95.5	131.6	197.5	211.4
	L-70	58.4	90.3	124.7	182.2	190.6
	L-60	52.3	82.1	115.3	160.3	173.7
交替隔沟灌溉	L-80	62.5	97.8	134.4	200.7	214.5
	L-70	60.7	93.2	130.5	195.9	202.0
	L-60	54.5	86.7	121.7	171.5	180.1

表 2-2(b) 灌水方式对夏玉米株高的影响(2003 年新乡)

处理		株高(cm)				
灌水方式	水分控制下限	7 月 9 日	7 月 19 日	7 月 29 日	8 月 9 日	8 月 19 日
常规沟灌	L-60	62.3	89.1	140.8	185.5	194.3
	L-70	66.7	94.6	154.2	204.3	207.8
	L-80	70.5	99.0	158.8	208.3	209.4
交替隔沟灌溉	L-60	57.0	82.5	129.8	171.5	175.7
	L-70	59.9	85.1	140.6	190.4	195.7
	L-80	65.6	91.1	161.2	204.3	207.1

表 2-2(c) 灌水方式对夏玉米株高的影响(2005 年沈阳)

处理		株高(cm)						
灌水方式	灌水定额	6 月 20 日	6 月 27 日	7 月 3 日	7 月 16 日	7 月 24 日	8 月 11 日	8 月 27 日
常规沟灌	M	58.8	72.0	88.8	190.2	258.0	264.6	270.7
交替隔沟灌溉	2/3M	59.3	82.0	92.6	181.6	255.0	263.8	266.3
	1/2M	61.9	73.4	89.7	176.4	249.6	259.7	260.7

二、玉米茎粗

灌水方式和水分处理对夏玉米基部茎节直径产生一定的影响,但差异不明显。常规沟灌方式,夏玉米基部茎节直径随水分控制下限的降低而增加;固定隔沟灌溉方式,夏玉米基部茎节直径随水分控制下限的降低而减小;交替隔沟灌溉方式,L-70 水分处理的基部茎节直径最大,至吐丝基本结束(2000 年 8 月 8 日,2003 年 8 月 19 日)时,L-60 水分处理的基部茎节直径最小[见表 2-3(a)、(b)]。玉米拔节期之后,灌溉方式对玉米茎直径的影响开始显现,交替隔沟灌溉 2/3M 灌水定额处理的玉米茎直径高于常规沟灌[见表 2-3(c)]。因此,对于交替隔沟灌溉,适宜的水分胁迫可以抑制玉米的旺长,有利于壮苗,增强抗倒伏能力;而固定隔沟灌溉,水分亏缺使玉米长得纤细,不利于壮苗;交替隔沟灌溉,夏玉米基部茎节直径对水分变化比较敏感,水分胁迫的影响介于常规沟灌与固定隔沟灌溉之间。在成熟阶段,常规沟灌 L-60 和交替隔沟灌溉 L-70 及灌水定额 2/3M 水分处理的夏玉米基部茎最粗;从产量上看,交替隔沟灌溉 L-70 减产率仅为 3.2%~4.0%,灌水定额 2/3M 的产量比常规沟灌增加 4.8%。

表 2-3(a)　灌水方式对夏玉米基部茎节直径的影响(2000 年新乡)

试验处理		基部茎节直径(cm)	
灌水方式	水分控制下限	7 月 18 日	8 月 8 日
常规沟灌	L-80	2.54	2.67
	L-70	2.66	2.78
	L-60	2.70	2.82
固定隔沟灌溉	L-80	2.65	2.80
	L-70	2.64	2.76
	L-60	2.53	2.62
交替隔沟灌溉	L-80	2.60	2.79
	L-70	2.70	2.82
	L-60	2.64	2.76

表 2-3(b)　灌水方式对夏玉米基部茎节直径的影响(2003 年新乡)

试验处理		基部茎节直径(cm)		
灌水方式	水分控制下限	7 月 29 日	8 月 9 日	8 月 19 日
常规沟灌	L-60	2.90	2.97	3.01
	L-70	2.79	2.86	2.98
	L-80	2.67	2.75	2.85
交替隔沟灌溉	L-60	2.74	2.79	2.87
	L-70	2.96	3.05	3.11
	L-80	2.85	2.96	3.05

表 2-3(c)　灌水方式对夏玉米基部茎节直径的影响(2005 年沈阳)

试验处理		基部茎节直径(cm)				
灌水方式	灌水定额	6 月 6 日	6 月 20 日	7 月 3 日	7 月 24 日	8 月 27 日
常规沟灌	M	2.3	7.48	11.0	11.1	11.2
交替隔沟灌溉	$2/3M$	2.3	6.87	11.1	11.3	11.4
	$1/2M$	2.3	6.23	10.6	11.1	11.2

三、玉米叶面积

调亏灌溉研究认为,水分亏缺对叶片的延伸生长影响最大,轻度调亏下玉米叶片的生长速率即开始降低,调亏使玉米的叶面积减小,虽然玉米叶片的绝对数量主要取决于其品种特性,受外界环境胁迫的影响不大,但其生长的速度和叶片的长度及宽度则主要取决于细胞的分裂和延伸,而这些均受到水分供应状况的明显影响,水分亏缺既减少了细胞的分裂又抑制了细胞的扩张,从而使玉米叶片短、窄,叶面积减小。从表 2-4(a)、(b)可以看出,同一灌水方式下,在夏玉米生育期的各个时段,叶面积均是随着水分控制下限的降低而减小的;相同水分处理在玉米乳熟期之前,常规沟灌方式下叶面积最大,而固定隔沟灌溉方式下叶面积最小。相同水分处理在玉米乳熟期,L-80 的常规沟灌黄叶片数超过了交替隔沟灌溉[见表 2-5(a)],导致交替隔沟灌溉的叶面积大于常规沟灌[见表 2-4(a)],表明交替隔沟灌溉延长了作物生命期。由于叶片既是作物水分散失的主要器官,又是作物光合同化产物的主要集散地,虽然叶面积的减小有利于降低水分散失,对于防御干旱、缓解作物的水分状况起到一定的积极作用,但叶面积的减小同样会使作物总的同化面积减小,致使作物的最终产量下降,因此保证群体拥有一定合理的叶面积值是实现作物节水并获取高产的关键。同一水分控制下限,交替隔沟灌溉玉米新叶的发生速率接近于常规沟灌,但扩展生长则提早停止,是叶面积减小的主要原因;同一水分控制下限,与固定隔沟灌溉相比,交替隔沟灌溉玉米新叶的发生速率提早 1~3 d,但同一叶序叶片的扩展生长基本在同一天结束,叶面积相对较大。对比分析不同灌水方式下夏玉米叶面积增加速率,夏玉米叶片生长在拔节期和抽雄期对水分最敏感,以水分控制下限为 L-70 的水分处理为例,从 2000 年 7 月 20 日至 8 月 9 日,交替隔沟灌溉的叶面积日增长率为 99.93 ~ 106.53 cm^2/d,比常规沟灌低 14.79~43.35 cm^2/d[见表 2-4(a)、(b)],但比固定隔沟灌溉高 19.41 cm^2/d[见表 2-4(a)]。2005 年玉米季的常规沟灌叶面积指数大于交替隔沟灌溉,受降雨影响,沟灌灌溉方式间叶面积生长速度差异不明显[见表 2-4(c)]。总的来看,采用交替隔沟灌溉方式,对夏玉米叶面积的生长发育起到比较明显的促进作用。

表 2-4(a)　　灌水方式对夏玉米叶面积的影响(2000 年新乡)

试验处理		单株叶面积(cm²)				
灌水方式	水分控制下限	6 月 24 日	7 月 6 日	7 月 20 日	8 月 3 日	8 月 17 日
常规沟灌	L-80	381. 1	2 238. 2	5 240. 3	7 260. 7	6 834. 5
	L-70	370. 1	2 220. 4	5 036. 6	7 042. 6	6 777. 2
	L-60	309. 1	1 971. 4	4 665. 7	5 987. 3	5 856. 0
固定隔沟灌溉	L-80	341. 8	2 048. 0	4 824. 0	6 203. 4	5 673. 8
	L-70	312. 6	1 903. 6	4 469. 3	5 596. 4	5 493. 1
	L-60	278. 3	1 589. 2	3 707. 9	4 902. 8	4 753. 1
交替隔沟灌溉	L-80	348. 4	2 195. 4	5 051. 5	6 733. 3	6 480. 4
	L-70	340. 3	2 103. 1	4 866. 6	6 265. 6	6 241. 1
	L-60	297. 8	1 771. 8	4 339. 4	5 188. 0	5 158. 0

表 2-4(b)　　灌水方式对夏玉米叶面积的影响(2003 年新乡)

试验处理		单株叶面积(cm²)							
灌水方式	水分控制下限	6 月 29 日	7 月 9 日	7 月 19 日	7 月 29 日	8 月 9 日	8 月 19 日	8 月 29 日	9 月 9 日
常规沟灌	L-60	119. 9	606. 6	1 713. 0	4 265. 9	5 840. 6	5 845. 9	5 686. 3	5 439. 2
	L-70	165. 2	793. 4	1 962. 0	4 824. 1	6 158. 6	6 088. 5	5 973. 4	5 447. 9
	L-80	174. 5	974. 6	2 379. 9	5 780. 3	6 726. 9	6 627. 8	6 522. 4	5 638. 4
交替隔沟灌溉	L-60	117. 7	582. 4	1 363. 8	4 063. 4	5 244. 3	5 232. 0	5 081. 0	4 606. 7
	L-70	126. 8	599. 3	1 678. 7	4 675. 7	5 847. 5	5 784. 4	5 640. 7	5 269. 3
	L-80	129. 9	709. 8	1 931. 6	4 761. 3	6 376. 4	6 343. 9	6 261. 2	5 739. 6

表 2-4(c)　　灌水方式对夏玉米叶面积的影响(2005 年沈阳)

试验处理		叶面积指数				
灌水方式	灌水定额	6 月 6 日	6 月 20 日	7 月 3 日	7 月 24 日	8 月 27 日
常规沟灌	M	0. 1	0. 7	3. 2	6. 7	7. 1
交替隔沟灌溉	$2/3M$	0. 1	0. 9	3. 3	6. 5	6. 9
	$1/2M$	0. 1	0. 9	3. 4	6. 1	6. 7

灌水方式不仅对玉米新叶的发生和叶片的扩展生长产生影响,还对叶片的衰老速度产生较为明显的影响,常规沟灌的叶片衰老速度快于 $2/3M$ 灌水定额的交替隔沟灌溉,L-60 和 $1/2M$ 处理的交替隔沟灌溉玉米叶片衰老速度快于常规沟灌(见表 2-5);结合

表 2-2 和表 2-4 分析,交替隔沟灌溉土壤水分胁迫程度过大,将引起植株矮小、冠层早衰。因此,交替隔沟灌溉可延缓生育后期叶片的衰老速度,使其在灌浆—成熟阶段保持较大的叶面积指数,从而能够制造出更多的光合同化产物,以促进穗部很好地发育,并在一定程度上弥补前期总叶面积减小的不足。

表 2-5(a)　不同灌水方式对叶片衰老速度的影响(2003 年新乡)

试验处理		黄叶片数(片/株)				
灌水方式	水分控制下限	8 月 9 日	8 月 19 日	8 月 29 日	9 月 9 日	9 月 19 日
常规沟灌	L-60	4.1	4.5	6.0	7.1	8.4
	L-70	4.2	4.8	5.4	8.2	10.4
	L-80	4.3	4.9	5.7	8.5	9.6
交替隔沟灌溉	L-60	3.9	5.2	6.1	7.9	10.4
	L-70	3.9	4.9	5.9	7.7	8.0
	L-80	4.0	4.8	5.5	7.7	8.6

表 2-5(b)　不同灌水方式对叶片衰老速度的影响(2000 年新乡)

试验处理	黄叶片数(片/株)		
	8 月 17 日	8 月 31 日	9 月 7 日
常规沟灌	3.2	6.0	11.8
固定隔沟灌溉	2.9	5.1	10.3
交替隔沟灌溉	2.6	4.5	9.0

表 2-5(c)　不同灌水方式对叶片衰老速度的影响(2005 年沈阳)

试验处理		黄叶片数(片/株)				
灌水方式	灌水定额	8 月 18 日	8 月 28 日	9 月 9 日	9 月 19 日	9 月 28 日
常规沟灌	M	3.9	5.2	6.1	7.9	8.6
交替隔沟灌溉	2/3M	3.9	4.9	5.9	7.7	8.0
	1/2M	4.0	4.8	5.5	7.7	8.9

四、玉米灌浆进程

玉米籽粒产量的高低取决于"源"(通过光合作用制造有机物质的叶片)与"库"(贮存有机物质的果穗和籽粒)的协调发展。"源"的大小对"库"的建成具有明显的作用,增加同化"源"的供应,就有利于"库"的潜力发挥。灌水方式对夏玉米株高和叶面积的影响,最终会反映在籽粒形成和灌浆进程上,以 L-70 为例,固定隔沟灌溉方式下玉米灌浆开始时间稍迟,而交替隔沟灌溉与常规沟灌基本同步[见表 2-6(a)];从总灌浆进程来看,同一水分控制下,常规沟灌的灌浆速度略快于交替隔沟灌溉(见表2-6);在成熟期,尽管隔沟灌溉的植株叶片衰老速度慢,但由于前期总的同化面积小,致使最终的籽粒产量降低,与常规沟灌的产量相比,交替隔沟灌溉减产较少,固定隔沟灌溉减产较多。因此,交替隔沟灌溉在取得明显节水效果的同时,向产量转化的光合同化产物没有减少。

表 2-6(a)　　灌水方式对夏玉米灌浆进程的影响(2000 年新乡)　　(单位:g/10 粒)

日期	常规沟灌	固定隔沟灌溉	交替隔沟灌溉
8 月 11 日	0.20	0.12	0.20
8 月 16 日	0.46	0.39	0.47
8 月 21 日	1.10	1.09	1.16
8 月 26 日	1.81	1.68	1.84
8 月 31 日	2.35	1.89	2.32
9 月 5 日	2.77	2.15	2.69
9 月 10 日	2.83	2.30	2.74

表 2-6(b)　　灌水方式对夏玉米灌浆进程的影响(2003 年新乡)

试验处理		灌浆进程(g/10 粒)					
灌水方式	水分控制下限	8 月 23 日	8 月 27 日	8 月 31 日	9 月 4 日	9 月 8 日	9 月 12 日
常规沟灌	L-60	0.17	0.37	0.39	1.03	1.23	1.59
	L-70	0.18	0.49	0.65	1.10	1.16	1.60
	L-80	0.25	0.61	0.63	1.09	1.21	1.62
交替隔沟灌溉	L-60	0.18	0.38	0.52	0.92	1.14	1.54
	L-70	0.20	0.43	0.69	1.00	1.16	1.56
	L-80	0.35	0.65	0.79	0.91	1.16	1.60

表 2-6(c)　　灌水方式对夏玉米灌浆进程的影响(2005 年沈阳)

试验处理		灌浆进程(g/10 粒)					
灌水方式	灌水定额	8 月 8 日	8 月 23 日	8 月 27 日	9 月 6 日	9 月 14 日	9 月 24 日
常规沟灌	M	0.083	1.39	1.95	2.97	3.45	3.93
交替隔沟灌溉	2/3M	0.061	1.32	1.88	2.77	3.30	3.93
	1/2M	0.075	1.33	1.92	2.92	3.41	3.70

五、地上部干物质分配

植物在其漫长的进化过程中,为了求得生存与繁殖,减少环境波动或自然灾害造成灭种的可能性,已经衍生出超越补偿功能,而植物体完成超越补偿是通过调节植物体内同化产物的合理运转。植物体内源激素物质的平衡支持和调节着植物的运集中心。植物体内源激素平衡的改变,可使植物运集中心的位置和强度发生变化,导致植物体内同化产物的集中运转。作为逃避干旱的一种主要方式,植物会使体内贮存的有机物质集中向生殖器官运移,加速成熟的过程,这在表2-6中也有所体现。从不同沟灌方式夏玉米地上干物质分配情况可以看出,在L-70和L-80水分控制下,与常规沟灌相比,隔沟灌溉方式使玉米地上干物质累积总量及其在各器官之间分配的绝对数值偏低,但隔沟灌溉有利于光合产物向穗部器官的运转[见表2-7(a)、(b)];L-60水分控制下隔沟灌溉的光合产物向穗部器官转运量弱于常规沟灌[见表2-7(b)]。通过表2-7(a)分析不同沟灌方式下地上部各组织器官干重占总干重的比例,常规沟灌分别为:雄穗1.20%、叶片14.65%、茎秆(含叶鞘)25.83%、雌穗58.32%;固定隔沟灌溉分别为:雄穗1.33%、叶片13.74%、茎秆25.03%、雌穗59.90%;交替隔沟灌溉分别为:雄穗1.26%、叶片13.73%、茎秆24.64%、雌穗60.37%。可以看出,固定隔沟灌溉和交替隔沟灌溉的叶片和茎秆占地上干物重的比例比常规沟灌均有所下降,但雄穗和雌穗占地上干物重的比例有不同程度的增加,其中尤以交替隔沟灌溉的处理向雌穗转化的比例最高。这些结果说明,夏玉米对水分供应非常敏感,在水资源比较紧缺的地区或在轮灌周期较长的地方,对夏玉米采用交替隔沟灌溉,虽然会抑制地上部的生长,但受抑制的主要是营养器官(比常规沟灌减少11.62%左右),而对形成产量的雌穗影响不大,到灌浆中后期雌穗干重仅比常规沟灌减少3.79%,取得了明显的节水效果,可充分提高有限水资源的利用率,而采用固定隔沟灌溉虽然也会节约大量灌溉水,但其产量表现明显低于常规沟灌和交替隔沟灌溉,充分地说明了供水方式在追求经济效益最大化中的重要性。

表2-7(a)　不同灌水方式夏玉米光合产物在植株各器官的分配(2000年新乡)

试验处理	雄穗 (g/株)	叶片 (g/株)	茎秆 (g/株)	雌穗 (g/株)	合计 (g/株)	雌穗 占比
常规沟灌	3.05	37.25	65.67	148.28	254.25	58.32%
固定隔沟灌溉	2.88	29.72	54.12	129.54	216.26	59.90%
交替隔沟灌溉	2.97	32.45	58.24	142.66	236.32	60.37%

表2-7(b)　不同灌水方式夏玉米光合产物在作物各器官的分配(2003年新乡)

试验处理		籽粒重 (g/株)	芯重 (g/株)	叶片、雄穗及茎秆 (g/株)	合计 (g/株)
灌水方式	水分控制下限				
常规沟灌	L-60	94.09	15.92	97.64	207.65
	L-70	100.59	17.18	103.01	220.78
	L-80	109.48	19.64	109.70	238.82
交替隔沟灌溉	L-60	75.88	10.79	80.87	167.54
	L-70	90.28	15.22	90.93	196.43
	L-80	100.69	16.44	98.08	215.21

第二节　玉米水分生理指标

一、植株含水量

作物叶片相对含水量(R_{WC})是表示作物水分状况最直观的一个定量指标,它是植物组织含水量与其饱和含水量的比值,表示为

$$R_{WC} = \frac{W_a - W_d}{W_s - W_d} \times 100\% \tag{2-1}$$

式中:W_a为作物叶片的鲜重;W_s为作物叶片水分饱和即完全膨胀时的鲜重;W_d为作物叶片的干重。

同一水分处理,夏玉米植株不同叶序的叶片,由于叶龄不同,叶片之间的相对含水量一般会有所差异;在一日之中,叶片在夜间吸水充分膨胀,叶片相对含水量达到一天中的最大值,白天叶片相对含水量先是随着蒸腾失水的加剧而下降,后又随着蒸腾强度的降低而逐渐恢复。因此,在计算叶片相对含水量时选择取样的位置及确定取样的时间非常重要。正在扩展的幼嫩叶片或植株的饱和过程需要较长的时间,而这期间样品的呼吸仍在继续作用,可达干重的百分之几,由此可能会引起相当大的误差,一般只有当成熟的叶片饱和时,才能接近或达到恒重。据此,研究将植株含水量取样部位定为自上而下数第4片完全展开叶,每次测10片样叶。分析L-70水分处理在2000年7月16日的样品测定结果,夏玉米叶片含水量在白天变化较大,其中最低值发生在14时左右(见图2-2)。不同沟灌方式间叶片相对含水量的差异从早晨开始随着太阳辐射增强和蒸腾速率的增大而缓慢变大,至14时左右不同沟灌方式间的差异达到最大,14时之后随着辐射减弱和蒸腾速率的降低,处理之间的差异又趋于变小。可见,分析不同沟灌方式及水分处理对夏玉米叶片相对含水量的影响,取样最佳时间宜定在14时左右。图2-2直观反映了交替隔沟灌溉与常规沟灌的叶片相对含水量比较接近,表明交替隔沟灌溉方式不会导致叶片严重脱水,而固定隔沟灌溉则对叶片的水分状况产生比较明显的影响。根据2000年7月30日玉米抽雄初期防雨棚下大田试验区的叶片相对含水量值,分析不同沟灌方式下不同灌水下限的叶片相对含水量,此期处在对水分亏缺最敏感的时段。经分析,相同水分下限情况下,常规沟灌的叶片相对含水量均比隔沟灌溉高,固定隔沟灌溉最低,而且每种灌水方式下叶片相对含水量都是随着水分亏缺程度的增加而降低的,但降低幅度稍有差异;不同灌水方式均以各自的L-80水分处理为对照,常规沟灌L-70和L-60水分处理的叶片相对含水量分别减少4.91%和11.61%,固定隔沟灌溉分别减少4.44%和15.43%,交替隔沟灌溉分别减少4.29%和12.98%(见表2-8),表明隔沟灌溉方式在水分胁迫较轻时,随着土壤含水量的降低,叶片相对含水量的下降要缓慢一些,但当土壤含水量降低到一定程度时,叶片脱水速率就会超过常规沟灌;交替隔沟灌溉方式下叶片随土壤变干的脱水速率均低于固定隔沟灌溉,且土壤愈干效果愈明显;结果较好地反映了沟灌方式和灌水下限对作物叶片相对含水量的影响。

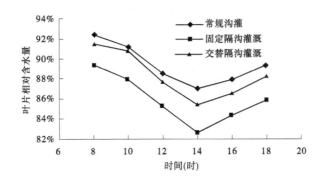

图 2-2　夏玉米叶片相对含水量的日变化

表 2-8　不同灌水方式对叶片相对含水量的影响(2000 年新乡)

灌水方式	叶片相对含水量(%)		
	L-80	L-70	L-60
常规沟灌	89.6	85.2	79.2
固定隔沟灌溉	81.0	77.4	68.5
交替隔沟灌溉	86.3	82.6	75.1

　　叶片相对含水量的高低,从另一侧面反映出根系向上供水能力的差异。由于交替隔沟灌溉土壤中有一半左右的区域较为干燥,可供根系吸收的水分总量有限,根系的超补偿功能只是减小了交替隔沟灌溉与常规沟灌玉米叶片相对含水量之间的差距;根系生长受抑和可供根系吸收利用的总水量较少造成了固定隔沟灌溉方式下叶片相对含水量的降低。

二、玉米叶片脯氨酸含量

　　渗透调节是作物御旱的一种主要方式。在不同生育期对玉米实施水分胁迫,均使叶片渗透势有不同程度的下降;渗透势变化的总趋势是苗期下降多,后期下降少;渗透调节能力的大小与植株耗水强度和干旱发生的进程关系密切,一般植株蒸腾失水少、干旱发生缓慢,作物叶片就会表现出较强的渗透调节能力。作物遭遇水分胁迫,叶细胞渗透势降低,既能使作物根系从水势变低的介质中继续吸水以维持体内水分平衡,同时能维持压力势基本不变而保证体内生理生化过程的正常运转,因此渗透势是描述作物体内水分状况的一个重要参数。处于水分胁迫下的作物,其渗透调节作用主要是由其内部产生的一系列物质代谢变化,即细胞内溶质浓度增加引起的,其中最明显的变化就是游离脯氨酸的大量累积,而脯氨酸则是氨基酸中最为有效的渗透调节物质。

　　对于每一种灌水方式而言,夏玉米叶片游离脯氨酸含量均是随着土壤含水量的降低而增高的,其中在土壤含水量较高的范围内增加得相对慢些,土壤含水量愈低,夏玉米叶片脯氨酸累积得就愈快(见表 2-9)。对同一水分控制下限不同的灌水方式进行比较发现,常规沟灌的叶片脯氨酸含量比其他两种灌水方式的都低,表明常规沟灌的水分供应比较充分,其渗透调节能力相对弱些;交替隔沟灌溉除 L-80 水分处理的脯氨酸含量略低于固定隔沟灌溉外,其他两个水分处理的均高于固定隔沟灌溉,表现出了较强的渗透能力,说明交替隔沟灌溉比固定隔沟灌溉更能保证作物对水分的需求,有利于维持细胞的膨压和细胞的延伸生长,从而使作物不至于受到水分胁迫的过度伤害。

表 2-9　不同灌水方式对叶片脯氨酸含量的影响(2000 年新乡)

灌水方式	脯氨酸含量(mg/g,干重)		
	L-80	L-70	L-60
常规沟灌	0.218	0.336	0.697
固定隔沟灌溉	0.407	0.519	0.875
交替隔沟灌溉	0.362	0.611	1.054

综合分析不同灌水式、不同水分处理对夏玉米叶片游离脯氨酸含量的影响,得到如下结论:

(1)土壤变干导致夏玉米叶面游离脯氨酸含量增加,但常规沟灌由于可供根系吸收利用的水分较多,蒸腾拉力势的变化只是起到一种微调的作用,因此叶片脯氨酸含量及其随土壤变干增加的速率较其他两种灌水方式都要小。

(2)交替隔沟灌溉的叶片脯氨酸含量较高,说明这种灌水方式下的作物根系是处在一种温和而又缓慢变化的水分胁迫环境中的,作物的渗透调节作用得到了尽可能好的发挥。

(3)固定隔沟灌溉的渗透调节作用不如交替隔沟灌溉的效果好,表明这种灌水方式的水分胁迫已使碳水化合物的供应受阻,影响了谷氨酸的合成,其原因是胁迫条件下叶片游离脯氨酸的生物合成来源于谷氨酸,而谷氨酸的不断更新需要碳水化合物的供应。

第三节　玉米产量及水分生产效率

一、玉米生育期耗水量

表 2-10 反映了不同沟灌方式在不同水分处理下夏玉米生育期的灌水量与耗水量,由于各年度播前墒情不同,各处理灌水次数也不同。每一种灌水方式下,夏玉米生育期耗水量均随着灌水量的增加而增大。2000 年,常规沟灌 L-70 水分处理的耗水量略低于 L-80,但产量在所有水分处理中处于最高,其耗水量和灌溉定额最接近,反映了常规沟灌下玉米实际耗水;与常规沟灌相比,交替隔沟灌溉产量降低 1%～12%,水分生产效率提高 14.2%～34.9%,而固定隔沟灌溉产量降低 19%～41.6%,水分生产效率提高 -16.5%～8.3%〔见表 2-10(a)〕。2003 年,交替隔沟灌溉 L-60、L-70 和 L-80 的产量分别比常规灌溉降低 8.6%、4.0% 和 2.8%,但水分生产效率分别提高 15.4%、22.1% 和 44.4%〔见表 2-10(b)〕。2005 年,交替隔沟灌溉 2/3M 和 1/2M 处理分别降低产量-4.8% 和 7.5%,水分生产效率提高 22.2% 和 28.5%〔见表 2-10(c)〕。灌水量相同的情况下,交替隔沟灌溉的夏

玉米耗水大于固定隔沟灌溉,表明灌溉水得到了充分的利用,同时吸收利用了其耗水量10%以上的土壤水,而固定隔沟灌溉对土壤水的利用量则要少些,表明交替隔沟灌溉更有利于作物根系吸水。从经济效益的角度评价投入产出比例,交替隔沟灌溉 L-70 水分处理和 2/3M 灌水定额处理为最佳水分管理方式。不同区域干湿交替的过程可以使根系的活性表面积增大、根系的吸收性能和水分传导能力增强,从而使根系可以在土壤水势较低的情况下能够从更宽、更深的土壤范围内吸收利用土壤水分。交替隔沟灌溉 L-80、L-70 的玉米产量分别接近于常规沟灌的 L-80、L-70,而交替隔沟灌溉 2/3M 处理的玉米产量则超过了常规沟灌,但耗水量明显减小,表明常规沟灌夏玉米存在着一定的奢侈蒸腾,交替隔沟灌溉通过气孔调节实现了水分利用最优化。

表 2-10(a)　不同沟灌方式下夏玉米耗水量与水分生产效率(2000 年新乡)

试验处理		灌水次数	灌溉定额(mm)	耗水量(mm)	产量(kg/hm²)	水分生产效率(kg/m³)	灌溉水生产效率(kg/m³)
灌水方式	水分控制下限						
常规沟灌	L-80	10	456.0	428.3	7 713.8	1.801	1.692
	L-70	9	411.0	415.5	7 791.3	1.875	1.896
	L-60	7	321.0	344.6	6 621.5	1.921	2.063
固定隔沟灌溉	L-80	10	303.0	320.4	6 248.6	1.950	2.062
	L-70	9	273.0	275.7	5 060.6	1.836	1.854
	L-60	7	213.0	241.0	3 866.0	1.604	1.815
交替隔沟灌溉	L-80	10	303.0	342.6	7 634.6	2.228	2.520
	L-70	9	273.0	310.1	7 542.2	2.432	2.763
	L-60	7	213.0	268.8	5 817.9	2.164	2.731

表 2-10(b)　不同沟灌方式下夏玉米耗水量与水分生产效率(2003 年新乡)

试验处理		灌水次数	产量(kg/hm²)	灌水量(mm)	灌溉水生产效率(kg/m³)	耗水量(mm)	水分生产效率(kg/m³)
灌水方式	水分控制下限						
常规沟灌	L-60	6	4 046.44	270.00	1.46	310.62	1.30
	L-70	7	5 489.33	315.00	1.74	335.50	1.63
	L-80	9	6 100.56	415.00	1.49	431.28	1.42
交替隔沟灌溉	L-60	6	3 697.78	180.00	2.05	245.06	1.50
	L-70	7	5 270.25	210.00	2.50	264.87	1.99
	L-80	9	5 926.78	270.00	2.19	289.46	2.05

表 2-10(c)　　不同沟灌方式下夏玉米耗水量与水分生产效率(2005 年沈阳)

试验处理		灌水次数	产量(kg/hm²)	灌水量(mm)	灌溉水生产效率(kg/m³)	耗水量(mm)	水分生产效率(kg/m³)
灌水方式	灌水定额						
常规沟灌	M	6	9 156.0	434.6	2.11	442.1	2.07
交替隔沟灌溉	2/3M	7	9 599.7	376.6	2.55	379.6	2.53
	1/2M	7	8 466.4	311.0	2.72	317.8	2.66

二、玉米产量及其构成要素

衡量一种灌水方式及水分控制下限的优劣,最终反映在作物产量与耗水量的对应关系上,既节水又高产即为优选。从表 2-11(a)可以看出,常规沟灌 L-70 的水分处理,除有效穗数略低于 L-80 外,其他产量组成要素和最终经济产量在所有水分处理中都是最优的,与 L-80 相比已表现出抑制生长冗余、促进籽粒形成和灌浆饱满的效果;而 L-60,虽然节水 17.06%,但减产幅度也达到了 15.01%,水分亏缺已对产量及其各组成要素产生了比较明显的不利影响,其中单穗粒数减少和单穗粒重下降是造成减产的主要原因;固定隔沟灌溉 L-80、L-70 和 L-60 的产量,比常规沟灌 L-70 分别减少了 19.80%、35.05% 和 50.38%,减产幅度随水分控制下限的降低而直线下降,而造成减产的主要原因则是籽粒败育,秃尖较长,即单穗粒数明显减少,同时单位面积有效穗数和百粒重也有了明显的降低,表明固定隔沟灌溉的节水是以严重牺牲产量为代价的,因此并非是生产实际中所追求的主要目标;交替隔沟灌溉的 L-80、L-70 和 L-60 三个水分处理,比常规沟灌 L-70 分别节水 17.55%、25.37% 和 35.31%,减产率分别为 2.01%、3.20% 和 25.32%,可以看出,L-60 的减产幅度较大,构成产量的各因素都明显减小,L-80 和 L-60 两个处理只是单穗粒数有所减少,而单位面积有效穗数和百粒重与对照相近,减产率非常低;与固定隔沟灌溉相比,灌水量相同的处理,交替隔沟灌溉的耗水量虽然有所增加,但产量也有非常明显的增加,增产效果极为显著。从表 2-11(b)可以看出,常规沟灌 L-80 的夏玉米在产量和产量构成因子最优,相对于 L-70 耗水增加 22.2%、增产 10.0%,相对于交替隔沟灌溉 L-80、L-70 处理,耗水量分别增加 32.9% 和 38.6%、分别增产 2.9% 和 13.6%,可见,常规沟灌以大量耗水赢得了 13.6% 以内的高产,从经济效益上来评价并不具备高效生产的优势;无论哪种沟灌方式,L-60 水分处理都表现出高节水、大幅减产,背离于节水高产的目标。从表 2-11(c)可以看出,交替隔沟灌溉 2/3M 的耗水量比常规沟灌降低 14.1%,产量提高 4.9%,交替隔沟灌溉 2/3M 的玉米穗长而粗、秃尖较短、穗粒重较大是高产的主要表现指标;交替隔沟灌溉 1/2M 的耗水量比常规沟灌低 28.1%,产量降低 7.53%,交替隔沟灌溉 1/2M 的低产高耗主要体现在穗短、秃尖长、籽粒不够饱满。比较而言,交替隔沟灌溉 2/3M 为优产高效的供水方式。

表 2-11(a)　不同沟灌方式下夏玉米产量与其组成要素(2000 年新乡)

试验处理		有效穗数	单穗粒数	单穗粒重	百粒重	产量
灌水方式	水分控制下限	(穗/hm²)	(粒/穗)	(g/穗)	(g)	(kg/hm²)
常规沟灌	L-80	72 240	475.2	144.75	32.58	7 713.8
	L-70	71 670	480.6	144.91	32.71	7 791.3
	L-60	64 155	427.5	127.14	30.32	6 621.5
固定隔沟灌溉	L-80	64 560	397.7	108.52	31.21	6 248.6
	L-70	61 680	319.5	95.64	28.67	5 060.6
	L-60	57 795	283.8	87.22	25.82	3 866.0
交替隔沟灌溉	L-80	72 015	460.3	144.03	32.44	7 634.6
	L-70	71 475	434.7	142.89	32.37	7 542.2
	L-60	62 805	327.9	119.25	27.66	5 817.9

表 2-11(b)　不同沟灌方式下夏玉米产量及其构成因子(2003 年新乡)

试验处理		穗长	秃尖长	穗周长	穗粒数	籽粒重	百粒重	产量
灌水方式	水分控制下限	(cm)	(cm)	(cm)	(粒/穗)	(g/穗)	(g)	(kg/hm²)
常规沟灌	L-60	16.48	0.56	14.70	416.20	94.09	24.57	4 046.44
	L-70	18.56	0.42	15.04	489.60	100.59	26.10	5 489.33
	L-80	18.90	0.40	15.30	529.00	109.48	27.19	6 100.56
交替隔沟灌溉	L-60	14.00	0.64	13.52	321.40	75.88	23.69	3 697.78
	L-70	17.54	0.56	14.26	380.80	90.28	25.28	5 270.25
	L-80	18.24	0.46	14.80	427.40	100.69	26.43	5 926.78

表 2-11(c)　不同沟灌方式下夏玉米产量及其构成因子(2005 年沈阳)

试验处理		穗长	秃尖长	穗周长	籽粒重	百粒重	产量
灌水方式	灌水定额	(cm)	(cm)	(cm)	(g/穗)	(g)	(kg/hm²)
常规沟灌	M	23.4	2.3	275.3	18.6	45.2	9 156.0
交替隔沟灌溉	2/3M	23.9	2.9	288.0	19.6	43.4	9 599.7
	1/2M	22.4	3.3	254.0	18.7	42.8	8 466.4

结合表 2-2 和表 2-4 分析,交替隔沟灌溉对作物株高和叶面扩展有不同程度的抑制,L-80 和 L-70 水分处理相比常规沟灌减产 1.0%~4.0%,而节约灌溉水量 33.3%以上,交替隔沟灌溉 2/3M 灌水定额处理节约水量 13.3%的同时,产量提高了 4.8%,因此适度水分亏缺下的交替隔沟灌溉有效抑制了作物冗余生长;但土壤水分下限和灌水量不能定得

太低,如交替隔沟灌溉 L-60 水分处理节约了 33.3% 以上的灌溉水,抑制株高和叶面积 9.6% 以上,作物过早衰老,严重影响了作物光合同化产物的形成,造成 10% 左右的减产。交替隔沟灌溉 1/2M 灌水定额处理的玉米株高降低 3.7%、叶面积扩展抑制 5.6%,节约水量 28.4%,减产 7.5%;与此相比,交替隔沟灌溉 2/3M 灌水定额的优势十分突出。

三、玉米水分生产效率

在生产实践中,节水增产为最佳灌水模式的追求目标,如不能实现节水增产,水分生产效率指标便成为决定灌溉水分投入与产出关系的重要参数和依据。由表 2-10 可以看出,交替隔沟灌溉总的水分生产效率和灌溉水生产效率都高于同水分处理的常规沟灌和固定隔沟灌溉,是三种灌水方式中表现最优的,其中交替隔沟灌溉 L-70 和 2/3M 灌水定额的总水分生产效率和灌溉水生产效率更高,进一步说明了交替隔沟灌溉的灌水控制下限超过或低于一定值,会使水分生产效率降低。固定隔沟灌溉的总水分生产效率和灌溉水生产效率随着供水量的减少而降低,其中 L-70 和 L-60 的总水分生产效率和灌溉水生产效率均低于常规沟灌和交替隔沟灌溉下相同水分控制下限的情况,但 L-80 的水分处理比常规沟灌表现出了一定的优势。综合来看,交替隔沟灌溉 L-70 和 2/3M 灌水定额的水分处理可以最大限度地提高灌溉水的利用率和生产效率,是夏玉米地面灌溉的最佳供水方式和较优的灌水控制指标。

在作物生长季,水分供给状况及其在土壤中的分布对作物的生长发育会产生一系列的影响。当作物根系周围水分减少时,作物根系能够感知土壤中水分的变化,产生一种根源信号(主要是脱落酸),并可将这种信号随蒸腾流一起向上传递到叶片,以此帮助地上作物检测土壤中的有效水量,然后通过调节气孔开度、控制自身的水分消耗来适应土壤水分的这种变化。常规沟灌,由于水分在土壤中的分布比较均匀,在灌后较长的一段时间内根系都处在比较湿润的环境中,吸水容易,因此作物将以潜在速率蒸腾失水,不可避免地会产生一部分奢侈蒸腾浪费,而当土壤变干到一定程度,产生的根源信号强度达到足以传递到叶片并对气孔运动行为产生影响时,土壤水分一般已接近灌水控制下限,因而常规沟灌很难充分发挥气孔的调节功能。交替隔沟灌溉,可以始终保证部分根系处于比较干燥的土壤中,感知干旱,产生根源信号,调控作物的气孔行为,而另一部分处于比较湿润区域中的根系则能够从土壤中源源不断地吸取水分,满足作物对水分的基本需求,气孔调节行为得以充分发挥;同时,干湿交替的循环过程能刺激根系的补偿功能,使根系总量增加,并提高根系传导能力。交替隔沟灌溉方式下,本研究的夏玉米农田在土壤水分控制为田间持水量 65%~70% 较为适宜,主要表现在:①可以适度地减少生长冗余,维持植株叶片具有相对较高的含水量,渗透调节能力增强;②根系干重增加,根冠比增大;③植株叶片蒸腾速率明显下降,而光合速率变化不明显,叶片水平光合水分利用效率提高;④有利于促进光合同化产物向经济产量的转化;⑤产量比常规沟灌的最优水分略有影响,而节水效果却非常明显,水分生产效率明显提高。其中,将灌水时的土壤水分控制下限定在田间持水量的 65%~70%,会取得最佳的节水高产效果。常规沟灌除棵间土壤蒸发失水较多外,作物还存在着奢侈蒸腾。固定隔沟灌溉,虽然也可利用处于干燥区域中根系感知干旱调控地上的气孔行为,使夏玉米耗水量明显减少,但由于根系生长受抑,根系总量减少,根系吸水已不能较好地满足夏玉米的正常生理需水要求,因此植株生长受到明显影响,减产幅度较大。

参考文献

[1] 陈亚新,康绍忠.非充分灌溉原理[M].北京:水利电力出版社,1994.

[2] 郭相平.夏玉米调亏灌溉机理与指标研究[D].杨凌:西北农业大学,1999.

[3] 段爱旺,肖俊夫,等.土壤水分胁迫对玉米光合、蒸腾及水分利用效率的影响[J].华北农学报,1996,11(增刊).

[4] 冯广龙,罗远培,刘建利,等.不同水分条件下冬小麦根与冠生长及功能间的动态消长关系[J].干旱地区农业研究,1997,15(1).

[5] 康绍忠,潘英华,石培泽,等.控制性作物根系分区交替灌溉的理论与试验[J].水利学报,2001,(11).

[6] 康绍忠,张建华,等.控制性交替灌溉———一种新的农田节水调控思路[J].干旱地区农业研究,1997,15(1).

[7] 李跃强.植物对逆境的反应及其生理机制研究[D].北京:北京农业大学,1992.

[8] 李跃强,盛承发.植物的超越补偿反应[J].植物生理学通讯,1996,32(6).

[9] 梁宗锁,康绍忠,张建华.控制性分根交替灌水的节水效应[J].农业工程学报,1997,13(4).

[10] 潘英华,康绍忠.交替隔沟灌溉水分入渗规律及其对作物水分利用的影响[J].农业工程学报,2000,16(1).

[11] 史文娟.分根区垂直交替供水与调亏灌溉的节水机理及效应[D].杨凌:西北农业大学,1999.

[12] 苏祯禄,任和平.河南玉米[M].北京:中国农业出版社,1994.

[13] 张喜英,袁小良.冬小麦根系吸水与土壤水分关系的田间试验研究[J].华北农学报,1995,10(4).

[14] 康绍忠,霍再林,李万红.旱区农业高效用水及生态环境效应研究现状与展望[J].中国科学基金,2016.

[15] Ackerson R C,et al. Stomatal and nonstomatal regulation of water use in cotton,corn and sorghum[J]. Plant Physiology,1997,60.

[16] Dashek W V,Erickson S S. Isolation,assay,biosynthesis,metabolism,uptake and translocation,and function of proline in plant cells and tissues[J]. Bot. Rev. ,1981,47.

[17] Davies W J,Zhang J. Root signals and the regulation of growth and development of plants in drying soil [J]. Annual Review of Plant Physiology and Plant Molecular Biology,1991,42.

[18] Farquhar C D,et al. Stomatal conductance and photosynthesis[J]. Ann. Rev. Plant Physiol. ,1982,33.

[19] Hanson A D. Interpreting the metabolic responses of plants to water stress[J]. Horticulture Science,1980,15.

[20] Johnson R R,et al. Effect of water stress on photosynthesis and transpiration of flag leaves and spikes of barley and wheat[J]. Crop Science,1974,14.

[21] Kramer P J. Water relations of plants[M]. Academic Press,1983.

[22] Mackay A D,Barber S A. Effect of cyclic wetting and drying of a soil on root hair growth ofmaize roots [J]. Plant and Soil,1987,104.

[23] Shaozhong Kang,Zongsuo Liang,Wei Hu,et al. Water use efficiency of controlled alternate irrigation on root-divided maize plants[J]. Agric. Water Manage. ,38.

[24] Stone J F,Garton J E,Webb B B,et al. Irrigation water conservation using wide-spaced furrow[J]. Soil

Sci. Soc. Am. J. ,1979,43.

[25] Musick J T,Dusek D A. Alternate-furrow irrigation of fine textured soils[J]. Trans. of the ASAE, 1974, 17.

[26] Steel D D,Sajid A H,Pruuty L D. New corn evapotranspiration crop curves for southeastern North Dakota [J]. Trans of the ASAE ,1996,39(3).

[27] Stone J F,Reeves H E,Garton J E. Irrigation water conservation by using wide-spaced furrows[J]. Agric. Water Manage. ,1982,5.

[28] Tardieu F,Zhang J,Davies W J. What information is conveyed by an ABA signal from maize roots in drying field soil[J]. Plant Cell Environ. ,1992,15.

[29] Tardieu F,Zhang J. Relative contribution of apices and mature tissues to ABA synthesis in drought maize root systems[J]. Plant Cell Physiology,1996,37(5).

[30] Tsegaye T,Stone J F,Reeves H E. Water use characteristics of wide-spaced furrow irrigation[J]. Soil Sci. Soc. Am. J. ,1993,57.

[31] Yvan E G,Eisenhauer D E,Elmore R W. Alternate-furrow irrigation for soybean production[J]. Agric. Water Manage. ,1993,24.

第三章　交替隔沟灌溉条件下农田蒸发蒸腾

蒸发蒸腾关系着农田水量平衡和能量平衡,是土壤—作物—大气系统(SPAC系统)水分运移的关键环节,与作物生理活动和产量密切相关。陆地上降水量的1/2~6/7都以地面蒸发和植物蒸腾形式散失而回到大气中,甚至农田某一相对时期内的蒸发蒸腾量远大于作物生育期内的降水量,致使干旱发生,灌溉是满足干旱半干旱区农业发展的主要途径。准确地估算农田蒸发蒸腾量是农业用水管理和制定作物实时灌溉制度的一项重要工作。农田蒸发蒸腾量的大小与气象条件(辐射、温度、日照、湿度、风速)、土壤水分状况、作物种类及其发育阶段、农业技术措施、灌溉排水措施等有关,这些因素与农田蒸发蒸腾相互牵连和制约。湿润方式的改变和气孔调节功能的发挥使交替隔沟灌溉条件下农田水分散失比常规沟灌减少,制定交替隔沟灌溉的作物灌溉制度首先要解决农田耗水、作物需水问题。

本章试验数据分别来自于:①1998年和2000年的6~9月、2003年的6~9月在中国农业科学院农田灌溉研究所作物需水量试验场防雨棚下测坑和大田开展的夏玉米试验(河南新乡)。②2005年5~10月在沈阳农业大学水利学院试验基地露天测坑中开展的夏玉米试验(辽宁沈阳)。①和②的试验区具体情况和处理安排见第二章。③2009~2010年4~8月在中国农业科学院农田灌溉研究所作物需水量试验场开展的大田春玉米试验(河南新乡),玉米播种前休耕;玉米品种为浚单18,株距40 cm,行距60 cm。灌溉方式分常规沟灌和交替隔沟灌溉,灌水下限为70%田间持水量,当湿润灌水沟的根系层(拔节期之前:40 cm;拔节—抽雄:60 cm;抽雄期之后:80 cm)土壤水分达到控制下限时实施灌溉,灌水上限为95%田间持水量,常规沟灌的灌水定额根据根系层灌水上、下限计算,计为M,交替隔沟灌溉的灌水定额为2/3M。试验处理设置和灌水定额见表3-1。

表3-1　试验处理设置和灌水定额

试验处理	拔节期之前(mm)	拔节—抽雄(mm)	抽雄期之后(mm)
常规沟灌(M)	27	39	52
交替隔沟灌溉(2/3M)	18	27	36

小区面积规格7.4 m×13.5 m,3次重复。其中交替隔沟灌溉分南北沟向和东西沟向种植两种栽培方式,常规沟灌为南北沟向种植。采用垄植沟灌方式,地面沟垄断面为半圆形,沟深为20 cm(见图3-1)。

图 3-1　半圆形沟垄结构断面(交替隔沟灌溉)

第一节　交替隔沟灌溉条件下农田蒸发蒸腾计算

一、土壤蒸发计算

土壤蒸发由大气条件、土壤表层与内部水分传输共同控制,是土壤中的水分从液态水到汽态水的瞬态变化过程,主要经历三个阶段。第一阶段,土壤水沿毛管上升到土壤表面进行蒸发,近似于游离态水水面蒸发,主要受大气条件制约,土壤含水量随时间减小。第二阶段,土壤表面形成干土层,水分通过土壤孔隙扩散到表面,蒸发包括液态水蒸发和汽态水扩散两个过程,主要受土壤含水量和土壤孔隙通量影响,此阶段的土壤含水量在70%田间持水量以下,土壤含水量随时间减小。第三阶段,土壤蒸发在深层土壤中进行,水汽通过土壤孔隙扩散到大气中,蒸发速率取决于土壤物理特性,此阶段的土壤蒸发速率非常小。在土壤蒸发的三个阶段中,蒸发量最低发生在第三阶段,最高发生在第一阶段,但时间短暂(一般1~3 d),干旱区蒸发主要发生在第二阶段。因此,理论性较强的蒸发模型应该能够准确地模拟蒸发第一阶段和第二阶段。研究认为,在土壤表面之下土壤水达到饱和,蒸发是在土壤中进行的,水汽从蒸发面扩散到地表时受到土壤表面阻力的作用,土壤表面阻力是影响土壤蒸发准确性的主要因素之一,当地表土饱和时,土壤表面阻力为0;当地表土开始变干时,假设蒸发面不断向下扩展;针对土壤蒸发的发生过程,提出了相应的土壤蒸发潜热模型、基于大气和土壤表面水汽运移的土壤蒸发模型,以及一些由气象数据拟合的土壤蒸发经验模型,这些模型只适用于裸土蒸发,并只针对一维问题。在非均质边界、非均匀土壤水分条件下,如地面凹凸不平的沟灌地面土壤蒸发量的计算,其地面接收的太阳辐射和风速等微气象环境不同于平整地面,地面能量传输受地面湍流交换影响,是一个复杂的空气动力学过程,与近地面太阳辐射、风速、风向等有关,棵间土壤蒸发具有多维空间特性。

土壤蒸发计算的关键参数为土壤表面阻力,其概念引自 Montieth 提出的地表蒸发阻力(r_s^s)。r_s^s 是指在土壤蒸发过程中水汽从水汽源到土壤表面扩散过程中所受到的阻力,其计算分理论模型和经验模型。

(一)理论模型

土壤蒸发的理论模型分为单层模型、双层模型。

1.单层模型

当地表土饱和时,$r_s^s=0$。当地表土开始变干时,蒸发面不断向地表以下扩展,水汽从蒸发面扩散到地表时受到阻力 r_s^s 的作用,这个过程的水汽通量涉及水汽在干土中的扩散率和水汽浓度,与土壤的质地、表层结构、水分、温度、地表大气的扰动有关。

2. 双层模型

当土壤表面风干时,在干土与地表下湿土之间有一过渡层,其水分已失去连续性,水汽从湿土—过渡层—干土层要越过两次阻力。

(二)经验模型

由于理论的参数多而难以确定,实际应用常采用一些经验公式。由于土壤蒸发速率与土壤表面温度和水分有关,常采用以表层水分与温度为变量的经验模型,为了将问题简化,实际应用中常忽略土温对土壤蒸发表面阻力的影响,交替隔沟灌溉条件下土壤水分存在空间差异,土壤水分对土壤表面阻力的影响也存在空间差异,由土壤水分表示的土壤表面阻力主要有以下四种形式,根据交替隔沟灌溉条件下玉米田实测数据,对比分析以下四种方法:

$$r_s^s = -8.05 + 41.4(\theta_s - \theta) \quad (\text{Camillo},1986) \tag{3-1}$$

$$r_s^s = 33.5 + 3.5(\theta_s/\theta)^2 \quad (\text{卢振民},1992;\text{林家鼎},1983) \tag{3-2}$$

$$r_s^s = \begin{cases} 3.5\left(\dfrac{\theta_s}{\theta}\right)^{2.3} + 33.5 & \dfrac{\theta_s}{\theta} > 0.45 \\ -805 + 4140(\theta_s - \theta) & \dfrac{\theta_s}{\theta} \leq 0.45 \end{cases} \quad (\text{孙景生},1994) \tag{3-3}$$

$$r_s^s = r_{s\,\min}^s f(\theta) = r_{s\,\min}^s \left(a_1\frac{\theta_F}{\theta} - a_2\right) \quad (\text{Anadranistakis 等},2000) \tag{3-4}$$

式(3-1)~式(3-4)中:θ_s 为土壤饱和含水量,cm^3/cm^3;θ_F 为田间持水量,cm^3/cm^3;θ 为表层土壤含水量,cm^3/cm^3;$r_{s\,\min}^s$ 是土壤水分为 θ_F 时的土壤表面阻力,当下垫面土壤比较湿润或为自由水面时 $r_{s\,\min}^s$ 取 0,当土壤非常干燥时 $r_{s\,\min}^s$ 取 2 000 s/m,当土壤水分介于前两种情形之间时 $r_{s\,\min}^s$ 取 500 s/m。

交替隔沟灌溉条件下土壤水分存在空间不均匀性,分析发现其灌水湿润区域的沟、坡处 0~10 cm 土壤的 $\dfrac{\theta_s}{\theta}$ 或 $\dfrac{\theta_F}{\theta}$ 值与土壤蒸发量存在明显的指数关系,而垄顶和未灌水干燥的坡、沟处的 $\theta_s - \theta$ 与土壤蒸发量的关系更为紧密(见图3-2)。常规沟灌土壤各点位处土壤蒸发与表层含水量关系与交替隔沟灌溉的湿沟处相近。经分析,交替隔沟灌溉方式下较为干燥的垄顶、坡和沟处的土壤表面阻力可采用式(3-1)估算;交替隔沟灌溉方式下较为湿润的沟、坡处以及常规沟灌下土壤表面阻力可采用式(3-4)计算,其中 a_1 和 a_2 分别确定为 4.86 和 1.16,田间持水量 $\theta_F = 24\%$。

二、蒸发蒸腾量计算

农田蒸发蒸腾量的计算方法很多,根据能量源面的处理方法,大致分三类:单源模型、双源模型和多源模型。

(一)单源模型

单源模型将植被冠层看作"大叶"。当蒸发面为饱和状态时,应用空气动力学和能量

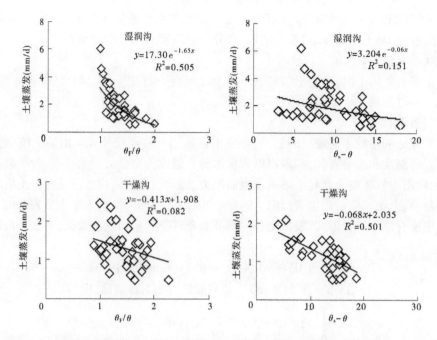

图 3-2 交替隔沟灌溉玉米田表层土壤不同形式含水量与土壤蒸发量的关系(2010 年)

平衡原理,假设无水汽水平输送,提出了适合裸地蒸发、牧草蒸腾和水面蒸发的 Penman 计算式,Penman 公式具有坚实的理论基础,为湿润下垫面蒸腾量的可靠计算方法。随着对植物蒸腾时的生理机制研究的不断深入,单叶片蒸腾计算公式、引入干燥力的 Penman 公式、引入冠层表面阻力的 PM 模型等被相继提出。PM 模型全面考虑了大气物理学和植物生理学原理,具有可靠的物理学和生理学基础,在世界多地多作物系统应用都具有较好的模拟精度。PM 模型为单源模型的代表模型,它将植被冠层看成位于动量源汇处的一片“大叶”,将植被冠层和土壤看作一层,忽略土壤与植被冠层之间的水热特性差异,能够较好地估算密集植被冠层的蒸发蒸腾量。PM 模型公式形式为

$$\lambda ET = \frac{\Delta(R_n - G) + \rho_a C_p \dfrac{e_s - e_a}{r_a}}{\Delta + \gamma \left(1 + \dfrac{r_a^c}{r_a}\right)} \tag{3-5}$$

式中:λ 为汽化潜热,取 2.45 MJ/kg;Δ 为饱和水汽压与温度关系曲线的斜率,kPa/℃;R_n 为净辐射,MJ/(m²·d);G 为土壤热通量,MJ/(m²·d);ρ_a 为恒压时的空气平均密度;C_p 是空气的定压比热;$e_s - e_a$ 为空气的水汽压亏缺;r_a^c、r_a 分别为冠层表面阻力和空气动力学阻力;γ 为湿度计常数,kPa/℃。

计算农田蒸发蒸腾的单源模型又分为模系数法、直接计算法和参考作物法,比较而言,参考作物法具有较好的通用性和稳定性,估算精度较高。采用参考作物法计算农田蒸发蒸腾量,涉及两个重要的参数,即参考作物蒸发蒸腾量(ET_0)和作物系数(K_c)。参考作物蒸发蒸腾量(ET_0)为一种假想的参考作物冠层的蒸发蒸腾速率,假设作物高度为

0.12 m,具有固定的冠层阻力 70 s/m,表面反射率为 0.23,非常类似于表面开阔、高度均匀一致、完全遮盖地面而不缺水的绿色草地的蒸发蒸腾量。参照作物法计算作物各生育阶段的农田蒸发蒸腾量模式为

$$ET_i = K_i \times ET_{0i} \tag{3-6}$$

式中: ET_i 为第 i 阶段的实际作物蒸发蒸腾量; K_i 为第 i 阶段的作物系数; ET_{0i} 为第 i 阶段的参考作物蒸发蒸腾量。

1. 参考作物蒸发蒸腾量(ET_0)的计算

ET_0 的计算只与气象因素有关,它反映了不同地区、不同时期大气蒸发力对农田蒸发蒸腾量的影响。参考作物蒸发蒸腾量计算大致可以分为四类,即综合法、辐射法、温度法和蒸发皿法。严格地说,选择一个非常适宜特定区域的参考作物蒸发蒸腾量计算公式,必须按照参考作物蒸发蒸腾量的定义,在当地安装有蒸渗仪的试验场地种植面积足够大的牧草,修剪整齐,并保证水肥供应适宜,没有病虫害发生,然后将用各种公式计算的参考作物蒸发蒸腾量(ET_0)与蒸渗仪的结果进行比较分析,从中选取估算精度最高的公式。早期的参考作物蒸发蒸腾量计算多选用联合国粮食及农业组织(FAO)推荐的修正(Modified Penman Monteith)公式,后来更多采用 FAO 进一步修正了参考作物蒸发蒸腾量概念和计算程序的彭曼-蒙太斯公式,修正后的彭曼-蒙太斯公式具有较高的估算精度。因此,在气象资料比较齐全的情况下,优先考虑 FAO 最新修正的彭曼-蒙太斯公式:

$$ET_0 = \frac{0.408\Delta(R_n - G) + \gamma \dfrac{900}{T_a + 273} u_2 (e_s - e_a)}{\Delta + \gamma(1 + 0.34 u_2)} \tag{3-7}$$

式中: ET_0 为参考作物需水量,mm/d; T_a 为空气平均温度,℃; u_2 为地面以上 2 m 高处的风速,m/s; e_s 为空气饱和水汽压,kPa; e_a 为空气实际水汽压,kPa。

1)参数确定

(1)湿度计常数(γ)、大气压(P)、饱和水汽压—温度关系曲线斜率(Δ)。

$$\gamma = 0.00163 \frac{P}{\lambda} \tag{3-8}$$

$$P = 101.3 \times \left(\frac{293 - 0.0065z}{293}\right)^{5.26} \tag{3-9}$$

$$\Delta = \frac{4098 \times \left[0.6108\exp\left(\dfrac{17.27T}{T + 237.3}\right)\right]}{(T + 237.3)^2} \tag{3-10}$$

式中: P 为大气压,kPa; z 为海平面以上的高程,m。

(2)饱和水汽压(e_s)。

$$e_s = \frac{e^0(T_{max}) + e^0(T_{min})}{2} \tag{3-11}$$

其中

$$e^0(T) = 0.6108\exp\left(\frac{17.27}{T + 237.3}\right) \tag{3-12}$$

式中: T_{max} 和 T_{min} 分别为计算时段内最高平均温度和最低平均温度,℃; $e^0(T)$ 为空气温

度为 T 时的饱和水汽压,kPa。

(3)实际水汽压(e_a)。

$$e_a = \frac{RH_{mean}}{100} \times \frac{e^0(T_{max}) + e^0(T_{min})}{2} \tag{3-13}$$

式中: RH_{mean} 为时段平均相对湿度。

(4)净辐射(R_n)。

太阳净辐射是接收的净短波辐射(R_{ns})与损失支出的净长波辐射(R_{nl})之差:

$$R_n = R_{ns} - R_{nl} \tag{3-14}$$

其中

$$R_{ns} = (1 - \alpha)R_s \tag{3-15}$$

$$R_s = \left(a_s + b_s \frac{n}{N}\right)R_a \tag{3-16}$$

$$R_a = G_{sc}d_r\sin(h_\theta) \tag{3-17}$$

$$R_{nl} = 2.45 \times 10^{-9} \times \left[1.35 \times \frac{0.25 + 0.5\frac{n}{N}}{(0.75 + 2 \times 10^{-5}Z)R_a} - 0.35\right] \times$$

$$(0.34 - 0.14\overline{e_a}) \times (T_{max,K}^4 + T_{min,K}^4) \tag{3-18}$$

$$d_r = 1 + 0.033\cos\left(\frac{2\pi}{365}J\right) \tag{3-19}$$

$$\omega_s = \frac{\pi}{2} - \arctan\left[\frac{-\tan\varphi\tan\delta}{\sqrt{1 - (\tan\varphi)^2(\tan\delta)^2}}\right] \tag{3-20}$$

$$N = \frac{24}{\pi}\omega_s \tag{3-21}$$

式中: R_a 为极地辐射,MJ/($m^2 \cdot d$); G_{sc} 为太阳常数,0.082 0/min; h_θ 为太阳高度角; d_r 为日—地相对距离的倒数; ω_s 为太阳时角,rad; φ 为纬度,rad; δ 为太阳赤纬角,rad; R_s 为太阳辐射或短波辐射,MJ/($m^2 \cdot d$); n 为实际日照时数,h; N 为最大可能日照时数或昼长小时数,h; n/N 为相对日照时数; a_s 为回归常数,表示在阴暗日($n = 0$)到达地球表面的极地辐射部分; $a_s + b_s$ 为在晴朗无云天($n = N$)到达地球表面的极地辐射部分,a_s、b_s 值由观测得到; α 为反射率或冠层反射系数,对于假想的牧草参考作物为0.23(无量纲); σ 为Stefan-Boltzmann 常数,4.903×10^{-9} MJ/($K^4 \cdot m^2 \cdot d$); $T_{max,K}$ 为24 h 时段内的最大绝对温度($K = ℃ +273.16$); $T_{min,K}$ 为24 h 时段内的最小绝对温度($K = ℃ +273.16$); e_a 为实际水汽压,kPa;Z 为海拔高度,m。

(5)土壤热通量(G)。

$$G_i = 0.38(T_i - T_{i-1}) \tag{3-22}$$

式中: G_i 为第 i 天土壤热通量,MJ/($m^2 \cdot d$); T_i 和 T_{i-1} 分别为第 i 天和第 $i - 1$ 天的平均气温,℃。

(6)风速(u_2)。

$$u_2 = u_z\frac{4.87}{\ln(67.8z - 5.42)} \tag{3-23}$$

式中：u_2 为在地面以上 2 m 高处的风速，m/s；u_z 为在地面以上 z 高处测量的风速，m/s；z 为地面上的测量高度，m。

2）参考作物蒸发蒸腾量（ET_0）计算结果

根据实测气象资料，计算夏玉米生育期参考作物蒸发蒸腾量变化。在夏玉米播种后的半个月左右，日平均气温较高，日照时数较长，相对湿度低，风速也比较高，因此该时段是夏玉米生育期 ET_0 值最高的时期，大气蒸发力很强；在此后的 20 d 左右，由于阴雨天气的影响，尽管平均气温与播后 15 d 内的差不多，但日照时数较少，空气相对湿度明显升高，风速也较低。因此，除其中 4 d 晴热天气外，计算的净辐射强度和 ET_0 值都较低。夏玉米拔节—抽雄阶段以晴朗天气为多，高温且高湿，所以计算的阶段平均 ET_0 值比播后 15 d 内的值要低一些，但大气蒸发力仍然较强。玉米灌浆以后，随着气温的下降，ET_0 呈现出明显的下降趋势［见图 3-3（a）］。从全生育期来看，ET_0 的变化受气象因素的影响非常明显，日变化幅度很大，与净辐射、太阳短波辐射的变化趋势一致（见图 3-4）。2005 年玉米季总的 ET_0 为 626.7 mm，玉米拔节期（6 月 15 日）之前，地面冠层覆盖度低，地面接受的净辐射较大，ET_0 也较大；拔节—灌浆期（8 月 4 日），地面覆盖度增大，阴雨天气较多，空气湿度较大，ET_0 有减小的趋势；灌浆期之后，玉米逐渐成熟，黄叶脱落，地面覆盖度降低，地面接受的净辐射增大，ET_0 也有增大的趋势［见图 3-3（b）］。

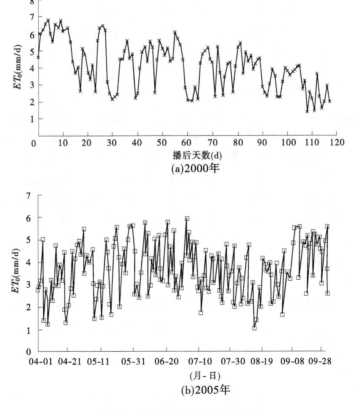

图 3-3　夏玉米生育期 ET_0 变化

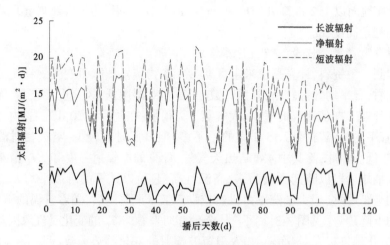

图 3-4　夏玉米生育期太阳辐射变化(2000 年)

通过敏感性分析发现,对 ET_0 影响最大的气象要素是太阳辐射,其次是气温,风速和其他因素影响较小,因此气象条件是作物需耗水的主要影响因素,要想提高灌溉预报的精度,必须对太阳短波辐射、空气长波辐射和气温等进行实地测定。

2. 作物系数的计算

作物系数主要是随着特定作物的性质而变化的,并仅在有限程度上随气候条件变化,主要体现实际田间作物和参考作物在四方面的区别:①作物高度:影响空气动力学以及水汽从作物向大气的扩散;②作物—土壤表面的反射率:反射率受植被覆盖率和土壤表层湿润程度影响,由于作物—土壤表面的反射率不同,冠层接受的大气净辐射也会发生变化,从而改变了蒸腾过程的热交换;③冠层阻力:作物水汽扩散的阻力由叶面积(气孔数量)、叶龄和叶片生长状况以及气孔开度等因素控制,冠层阻力的变化直接引起表层阻力的变化;④土壤蒸发:在 PM 公式中,表面蒸发阻力项表示的是冠层内叶片和土壤表面以下水汽蒸发扩散进入大气的阻力,它主要受土壤表面湿润情况和植被覆盖率的影响。灌水或降水后,土壤表面的水汽传输速率较高,尤其是在作物尚未完全覆盖地表的情况下更为明显。影响作物系数的主要因子有作物种类与品种、气候条件、土面蒸发、作物生育阶段、根区土壤水分状况及田间管理水平等。具体到某一地区的某一具体作物来说,在田间管理水平相近的情况下,作物系数主要受土面蒸发(与灌溉湿润频率、灌溉湿润比和灌水定额有关)、作物生育阶段和根区土壤水分状况的影响。

1)标准状况下单作物系数的计算

作物系数基本公式 $K_c = K_{cb} + K_e$,包含了反映作物蒸腾的基本作物系数 K_{cb} 和反映土面蒸发的系数 K_e 两部分。为简化计算,FAO 推荐对标准状态下的作物系数采用分段单值平均法 $K_c = \overline{K_{cb} + K_e}$ 表示,即把作物系数的标准状态下变化过程概化为四个阶段的三个值(见图 3-5)。

(1)初始生长期:从播种到作物覆盖率接近 10%,此阶段作物系数为 K_{cini}。

(2)快速发育期:从覆盖率 10% 到充分覆盖(大田作物覆盖率达到 70% ~ 80%),此阶段作物系数从 K_{cini} 提高到 K_{cmid}。

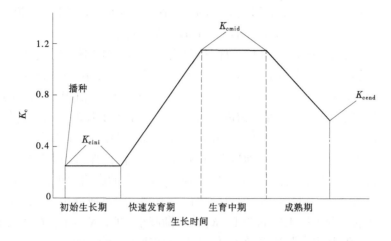

图 3-5 标准状态下概化为时间平均值的作物系数变化过程线

(3)生育中期:从充分覆盖到成熟期开始,叶片开始变黄,此阶段作物系数为 K_{cmid}。

(4)成熟期:从叶片开始变黄到生理成熟或收获,作物系数从 K_{cmid} 下降到 K_{cend}。

当根层的土壤含水量低于某个临界点时,作物就处于水分胁迫状态。土壤的缺水状态用水分胁迫系数 K_s 来体现,则水分胁迫时单作物系数可由下式计算:

$$K_c = K_s \cdot K_{c(STA)} \tag{3-24}$$

式中:K_c 为考虑土壤水分胁迫时的单作物系数;K_s 为土壤水分胁迫系数;$K_{c(STA)}$ 为根据 FAO 公式计算出的标准灌水模式下的单作物系数。

交替隔沟灌溉条件下,由于根系区域水分分布存在很大差异,夏玉米根区交替供水,处于干燥区域的根系吸水受到一定程度的影响,引起叶片气孔导度的降低,作物蒸腾的速率随之下降。另外,交替隔沟灌溉对作物株高和叶面积指数有一定的影响。考虑到这些因素和作物系数公式的通用性,假定交替隔沟灌溉条件下的土壤水分胁迫系数 K_s 描述形式不变,将单作物系数公式修正为

$$K_c = K_w \cdot K_s \cdot K_{c(STA)} \tag{3-25}$$

式中:K_w 为灌水方式修正系数,是综合考虑作物叶片气孔导度和叶面积指数等生理方面影响的参数。

2)双作物系数的计算

在计算作物需水量或农田蒸发蒸腾量时,FAO 提出并推荐采用有两部分、三项系数的双值作物系数公式:

$$K_c = K_s K_{cb} + K_e \tag{3-26}$$

式中:K_{cb} 为基础作物系数,是表土干燥而根区土壤平均含水量满足作物蒸腾时 ET_c/ET_0 的比值;K_s 为土壤水分胁迫系数,反映根区土壤含水量不足时对作物蒸腾的影响;K_e 为土面蒸发系数,反映灌溉或降水后因表土湿润致使土面蒸发强度短期内增加而对农田实际腾发量的影响。

由式(3-26)可以看出,当表层土壤干燥($K_e = 0$)且根区土壤水分适宜,可以满足植株蒸腾需求($K_s = 1$)时,作物系数 K_c 值等于基础作物系数 K_{cb} 值;当根区土壤有效水分变

低,作物根系吸水受到限制,不能以其潜在的蒸腾速率耗水时,土壤水分胁迫系数 K_s 值小于 1,此时的作物蒸发蒸腾量为非标准状态下的蒸发蒸腾量。

图 3-6 为常规灌溉条件下作物系数概化曲线示意图,以图例的形式显示了作物系数的概念及其各组成部分随作物生长和灌溉的变化过程。可见,作物系数的变化过程与生长季节中叶面积系数的变化过程十分接近。播种期和苗期 K_c 值很小,土面蒸发系数 K_e 在 K_c 中所占的权重比较大;随着作物进入营养生长与生殖生长的快速发育期,植株株高和叶面积系数均迅速增大,K_c 值迅速上升;当植株发育到株高接近其最大值、冠层发育充分,作物以生殖生长为主时,K_c 达到最大值,并在一段时间内保持相对稳定,变幅较小,这一时期作物覆盖度达到其生育期的最大值,因而土面蒸发的影响较小;随着作物进入成熟期,叶片逐渐变黄、衰老及脱落,K_c 值也随之快速下降。灌溉或降雨后,土面蒸发系数 K_e 达到最大值,而后随着表层土壤的变干,K_e 值逐渐减小,直至 $K_e = 0$。在作物生长过程中如果出现水分胁迫,其水分胁迫系数 K_s 值的大小取决于作物、土壤含水量及大气蒸发力的大小。比如,对于棉花,在潜在的蒸发蒸腾速率相对较低的时期(7 mm/d 或更低),土壤有效水分可亏空至 50%以上,但当棉花潜在蒸发蒸腾速率超过 9 mm/d 时,土壤有效水分亏空至 40%以上就会对根系吸水产生影响。

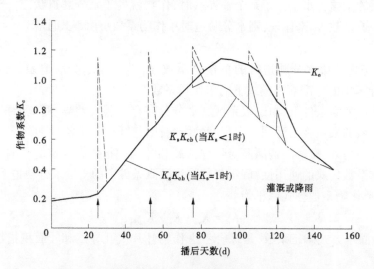

图 3-6　常规灌溉条件下作物系数概化曲线示意图

3)交替隔沟灌溉条件下夏玉米作物系数的计算

在作物生长的农田,特别是作物生长的早、晚期,土面蒸发系数 K_e 在 K_c 中所占的权重比较大,双作物系数法在农田作物耗水计算中具有绝对优势。双作物系数法中,基础作物系数 K_{cb} 实质上是表层干燥无蒸发而作物根系吸水又没有受到任何影响时的田间实际蒸发蒸腾量(ET_c)与 ET_0 的比值。然而,在交替隔沟灌溉条件下,由于根系区水分分布的空间差异,处于干燥区域中的根系,其吸水受到一定程度的影响,且根冠间的信息传递引发了叶片气孔导度的下降,使作物叶片的蒸腾速率下降。虽然可以将这种土壤水分空间差异的影响考虑到土壤水分胁迫系数(K_s)中,但也增加了田间取土点数,并需建立新的 K_s 估算公式,另外交替隔沟灌溉使作物株高和叶面积指数比常规沟灌有所减小。考虑到这些因素,为了不改变基础作物系数的定义,并使作物系数的表达式更具通用性,假定交替隔沟灌溉条件下的土壤水分胁迫系数(K_s)的描述形式不变,则作物系数的表达式修正如下:

$$K_c = K_s K_w K_{cb} + K_e \tag{3-27}$$

式中:K_w 为灌水方式修正系数,可定义 $K_w = f(C_s, LAI)$,即综合考虑作物叶片气孔导度和叶面积指数等生理方面影响的一个修正系数。

3. 作物系数涉及的参数计算

1)单作物系数法中 $K_{c(STA)}$ 的确定

FAO 推荐使用将作物生长划分为四个阶段,由 K_{cini}、K_{cmid} 和 K_{cend} 三个值表示作物系数的变化过程,则各阶段单作物系数值按以下步骤进行:

(1)由 FAO 出版的《作物需水量计算指南》(简称《指南》)中查出夏玉米各生育阶段的单作物系数分别为:$K_{cini(FAO)} = 0.5$,$K_{cmid(FAO)} = 1.20$,$K_{cend(FAO)} = 0.60$(标准气候条件的 $RH_{min} \approx 45\%$、$u_2 \approx 2$ m/s)。

(2)充分供水下作物初始生长期的 $K_{cini(STA)}$。作物初始生长期土壤蒸发占耗水量的比例较大,计算时需考虑土面蒸发的影响。研究表明,灌溉后土面蒸发分为两个阶段:第一阶段为大气蒸发力控制阶段,此阶段内土面蒸发不随表层土壤储水量变化;第二阶段为土壤水分控制阶段,此阶段内土面蒸发强度随表层土面储水量的减少而降低。由此可以推导 $K_{cini(STA)}$ 的计算公式:

$$K_{cini(STA)} = \frac{E_{so}}{ET_0} = 1.15, \quad t_w \leqslant t_1 \tag{3-28}$$

$$K_{cini(STA)} = \frac{TEW - (TEW - REW)\exp\left[\dfrac{-(t_w - t_1)E_{so}\left(1 + \dfrac{REW}{TEW - REW}\right)}{TEW}\right]}{t_w ET_0}, \quad t_w > t_1 \tag{3-29}$$

式中:REW 为在大气蒸发力控制阶段蒸发的水量,mm;TEW 为一次灌溉后总计蒸发的水量,mm;E_{so} 为潜在蒸发率,mm/d;t_w 为灌溉的平均间隔天数;t_1 为大气蒸发力控制的天数,$t_1 = REW/E_{so}$。

其中,TEW 的计算式如下:

当 $ET_0 \geqslant 5.0$ mm/d 时　　　$TEW = Z_e(\theta_{fc} - 0.5\theta_{wp})$ $\tag{3-30}$

当 $ET_0 < 5.0$ mm/d 时　　　$TEW = Z_e(\theta_{fc} - 0.5\theta_{wp})\sqrt{\dfrac{ET_0}{5}}$ $\tag{3-31}$

式中:Z_e 为土壤蒸发层的厚度,通常为 $100 \sim 150$ mm。

REW 的计算式如下:

对于 $S_a > 80\%$ 的土壤　　　$REW = 20 - 0.15S_a$ $\tag{3-32}$

对于 $CI > 50\%$ 的土壤　　　$REW = 11 - 0.06CI$ $\tag{3-33}$

对于 $S_a < 80\%$ 且 $CI < 50\%$ 的土壤　　$REW = 8 + 0.08CI$ $\tag{3-34}$

式中:S_a、CI 分别表示蒸发层土壤中的砂粒含量和黏粒含量。

（3）按试验地区气候条件调节 $K_{cmid(STA)}$ 和 $K_{cend(STA)}$。

$$K_{cmid(STA)} = K_{cmid(FAO)} + \left[0.04(u_2 - 2) - 0.04(RH_{min} - 45)\right]\left(\frac{h}{3}\right)^{0.3} \quad (3-35)$$

$$K_{cend(STA)} = K_{cend(FAO)} + \left[0.04(u_2 - 2) - 0.04(RH_{min} - 45)\right]\left(\frac{h}{3}\right)^{0.3} \quad (3-36)$$

式中：u_2 为该生育阶段 2 m 高处的日平均风速，m/s；RH_{min} 为该生育阶段日最低相对湿度的平均值（%）；h 为该生育阶段作物的平均株高，m。

2）灌水方式修正系数（K_w）的确定

不同灌水方式对作物叶片气孔导度和叶面积指数等参数的影响，最终体现在影响作物整体蒸腾量上，故按作物系数的定义可将 K_w 表述为交替隔沟灌溉与常规沟灌的作物群体蒸腾速率的比值，根据 PM 模型蒸腾计算公式，将 K_w 用大气压、空气动力学阻力、作物冠层阻力等气象参数和阻力参数表示。由于在相同气象条件下，不同沟灌方式之间的蒸腾速率差异主要由作物冠层阻力差异引起，而作物冠层阻力又是植株叶片气孔阻力和叶面积指数的函数，用气象参数和各阻力参数表示交替隔沟灌溉对作物系数的影响是可行的。获取 K_w 的关键是确定不同沟灌方式下的作物冠层阻力，在作物水分需求不受影响的情况下，作物的生长发育及其生理指标在生育期内的变化主要受品种遗传特性的影响，另外气象因素和管理因素的不同对总趋势的变化也会引起一些波动。因此，采用交替隔沟灌溉与常规沟灌方式下相对蒸腾量表示 K_w，消除气象因素和管理因素影响引起的波动，将其看作是作物播后天数的函数：

$$K_w = \frac{T_{AFI}}{T_{CFI}} = f(DPP) \quad (3-37)$$

式中：T_{AFI}、T_{CFI} 分别为交替隔沟灌溉和常规沟灌方式下作物蒸腾量；DPP 为作物播后天数。

根据 1998 年和 2000 年夏玉米生育期内各阶段蒸腾的日变化数据和生育阶段内夏玉米蒸腾量（作物耗水量减去棵间土壤蒸发量）结果，以播后天数为横坐标、相对蒸腾量为纵坐标，点绘出 T_{AFI}/T_{CFI} 在玉米生育期内的变化过程（见图 3-7），可以看出：苗期，由于夏玉米根系尚不发达且下扎深度较浅，交替隔沟灌溉处理的夏玉米蒸腾受到了较大的影响，出苗后 T_{AFI}/T_{CFI} 随时间呈下降趋势；夏玉米拔节以后，交替隔沟灌溉处理的植株蒸腾量逐渐与常规沟灌接近，T_{AFI}/T_{CFI} 随时间呈上升趋势，至灌浆初期达到一个较高值后又转为下降趋势。回归分析结果表明，用 6 次多项式表述不同灌水方式相对蒸腾量 T_{AFI}/T_{CFI} 与播后天数 DPP 之间的关系，相关系数最高，其回归方程式如下：

$$K_w = \frac{T_{AFI}}{T_{CFI}} = -1.69 \times 10^{-12}DPP^6 + 9.67 \times 10^{-10}DPP^5 - 1.95 \times 10^{-7}DPP^4 +$$

$$1.71 \times 10^{-5}DPP^3 - 6.02 \times 10^{-4}DPP^2 + 3.45 \times 10^{-3}DPP + 0.95 \quad (3-38)$$

相关系数 $R^2 = 0.6948$，标准误差 $SE = 0.0273$，显著性检验 $F = 15.559$，为极显著。由于作物冠层阻力是群体各层叶片气孔阻力积分的产物，一方面植株不同叶序、不同叶位上的气孔阻力不同；另一方面作物气孔阻力有着明显的日变化和季节变化，精确测定和计算作物冠层阻力非常困难。式（3-38）使作物冠层阻力的计算得到简化。

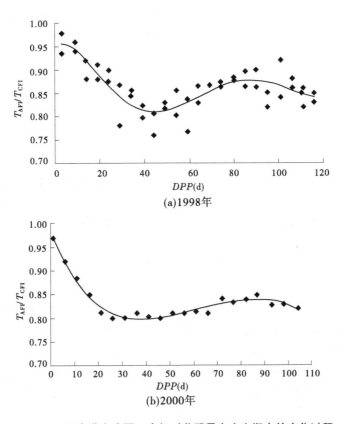

(a)1998年

(b)2000年

图3-7　不同沟灌方式夏玉米相对蒸腾量在生育期内的变化过程

3) 土壤水分胁迫系数(K_s)的确定

用 K_s 反映不同灌水方式对作物生长和植株蒸腾的影响,表示为

当 $D_r \leqslant RAW$ 时　　　　　　　　　　$K_s = 1.0$　　　　　　　　(3-39)

当 $D_r > RAW$ 时　　　$K_s = \dfrac{TAW - D_r}{TAW - RAW} = \dfrac{TAW - D_r}{(1-p)TAW}$　　　(3-40)

其中　　　　　　　　$TAW = 10\gamma_s Z_r(\theta_{fc} - \theta_{wp})$　　　　　　(3-41)

$$D_r = 10\gamma_s Z_r(\theta_{fc} - \theta)$$　　　　　　(3-42)

$$\theta = (\theta_{湿沟} + \theta_{垄})/2$$　　　　　　(3-43)

式中: TAW 为作物主要根系层总的土壤有效储水量,mm; RAW 为 TAW 中易于被作物根系吸收利用的根区土壤储水量,mm; D_r 为计算时段作物根区土壤水分的平均亏缺量,mm,本研究计算时段为 5 d,时间步长较短,将时段初的土壤水分亏缺量作为近似值; p 为根区中易于被作物根吸收利用的土壤储水量与总的有效土壤储水量的比值,其值为 0~1.0; γ_s 为土壤容重,kg/cm³; Z_r 为作物根系主要活动层深度,cm; θ_{fc} 为根系层土壤的平均田间持水量(占干土重的百分比,%); θ_{wp} 为表层土壤的凋萎点土壤含水量(占干土重的百分比,%); θ 为时段初作物根系层的平均土壤含水量,对于常规沟灌和交替隔沟灌溉,其值均按时段初湿沟和垄计划根系层剖面含水量的平均值计算。

不同的作物, p 值不同。对于同一种作物, p 值是大气蒸发力的函数。在 FAO-56 作物需水量计算指南中,列出了 $ET \approx 5$ mm/d 时的各种作物 p 值。对于玉米,$p = 0.55$。当 ET 值不是 5 mm/d 左右时,p 值可采用下式进行修正:

$$p = 0.55 + 0.04(5 - ET_c) \tag{3-44}$$

4)土面蒸发系数(K_e)的确定

土面蒸发系数描述的是农田腾发水分散失(ET)中棵间土壤蒸发部分。在灌后或降雨后,当表层土壤湿润时,K_e 达到最大值;随着表层土壤的变干,K_e 值减小;当表层土壤干燥时,K_e 变得很小甚至为零。K_e 计算公式为

$$K_e = \min\left[K_r(K_{cmax} - K_{cb}), f_{ew}K_{cmax}\right] \tag{3-45}$$

式中:K_e 为土面蒸发系数;K_{cb} 为基础作物系数;K_r 为由累积蒸发水深决定的表层土壤蒸发衰减系数;f_{ew} 为产生绝大部分棵间土壤蒸发的土壤表面积占全部土壤表面积的比例;K_{cmax} 为灌溉或降雨后作物系数的最大值,K_{cmax} 主要受能量限制,表示农田蒸发蒸腾的上限,当采用 FAO 参考作物 ET_0 时,其值介于 $1.05 \sim 1.30$,用下式计算:

$$K_{cmax} = \max\left(\left\{1.2 + \left[0.04(u_2 - 2) - 0.004(RH_{min} - 45)\right](h_m/3)^{0.3}\right\}, \{K_{cb} + 0.05\}\right) \tag{3-46}$$

式中:h_m 为计算时段内的作物最大株高,m;RH_{min} 为计算时段日最低相对湿度(%)。

棵间土面蒸发过程简化为两个阶段,即能量限制阶段和蒸发速率下降阶段。第一阶段土壤表面湿润,蒸发以潜在速率进行,持续时间可通过累积蒸发量与表层土壤中易于蒸发的水量比较确定,该阶段的土面蒸发衰减系数 $K_r = 1.0$;当累积蒸发量超过表层土壤易于蒸发的水量时,随着表层土壤的变干,土面蒸发速率逐渐减小,K_r 随表层土壤含水量的降低呈直线下降,其计算公式如下:

当 $D_{e,i-1} \leqslant REW_i$ 时　　　　　　　$K_r = 1.0 \tag{3-47}$

当 $D_{e,i-1} > REW_i$ 时　　　　$K_r = \dfrac{TEW_r - D_{e,i-1}}{TEW_r - REW_r} \tag{3-48}$

式中:$D_{e,i-1}$ 为第 i 天结束后表层土壤累积蒸发的水量,mm;TEW_r 为表层土壤可供蒸发的最大储水量,mm;REW_r 为表层土壤易于蒸发的水量,即第一阶段结束时的累积蒸发量,将其定为 9.0 mm。

其中　　　　　　　　　　$TEW_r = 10\gamma_s Z_e(\theta_{fc} - 0.5\theta_{wp}) \tag{3-49}$

式中:γ_s 为土壤干容重,kg/cm³;Z_e 为发生土面蒸发的表层土壤深度,取 0.1 m;θ_{fc} 为表层土壤的田间持水量(占干土重的百分比,%);θ_{wp} 为表层土壤的凋萎点土壤含水量(占干土重的百分比,%)。

f_{ew} 可按下式计算:

$$f_{ew} = \min(1 - f_c, f_w) \tag{3-50}$$

式中:$1-f_c$ 为未被作物遮阴的裸露土壤表面比例;f_w 为灌溉后的土壤表面湿润比,对于常规沟灌 $f_w = 0.8$,对于交替隔沟灌溉 $f_w = 0.5$。

f_c 可用下面的简化公式计算:

$$f_c = \left(\frac{K_{cb} - K_{cmin}}{K_{cmax} - K_{cmin}}\right)^{(1+0.5h)} \tag{3-51}$$

式中:K_{cmin} 为无地表覆盖条件下干燥裸露土壤的最小 K_c 值,取 0.20。

由于 K_r 随表层土壤含水量的变化而变化,因此 K_e 的计算需要对上层蒸发土壤进行每日水量平衡计算:

$$D_{e,i} = D_{e,i-1} - (P_i - RO_i) - \frac{I_i}{f_w} + \frac{E_i}{f_{ew}} + T_{ew,i} + DP_{e,i} \qquad (3-52)$$

式中: $D_{e,i}$ 和 $D_{e,i-1}$ 分别为第 i 天和第 $i-1$ 天末表层裸露或湿润土壤的累积蒸发量,mm; P_i 为第 i 天的降雨量,mm; RO_i 为第 i 天土壤表面的径流量,mm; I_i 为第 i 天的灌水量,mm; E_i 为第 i 天的蒸发量,mm; $T_{ew,i}$ 为第 i 天表层土壤的蒸腾量,mm; $DP_{e,i}$ 为第 i 天表层土壤的深层渗漏量,mm。

计算时对于初始的累积蒸发量 $D_{e,i-1}$,如果灌溉或降雨后表层土壤已达到田间持水量,则假设 $D_{e,i-1} = 0$;如果表层土壤长期处于干燥状态,则假设 $D_{e,i-1} = TEW_r$,所以 $0 \leqslant D_{e,i-1} \leqslant TEW_r$。如果降雨量 $P_i < 0.2ET_0$,则可以忽略降雨的影响。除特大降雨外,通常 RO_i 可以忽略不计。考虑到沟灌蒸发主要发生在灌水沟内,因此 $T_{ew,i}$ 也可以忽略不计。灌溉或降雨后,如果表层土壤的含水量低于田间持水量,土壤不排水,则 $DP_{e,i} = 0$;如果表层土壤的含水量超过了田间持水量,则会产生深层渗漏,渗漏量可按下式计算:

$$DP_{e,i} = (P_i - RO_i) + \frac{I_i}{f_w} - D_{e,i-1} \qquad (3-53)$$

由式(3-45)~式(3-54)可以看出, K_e 的计算不仅需要表层土壤水分、气象和作物生长数据,还需知道基础作物系数 K_{cb} 值。

5)双作物法中基础作物系数(K_{cb})的确定

利用根区水量平衡模拟常规沟灌和交替隔沟灌溉下夏玉米根区水量变化:

$$\Delta W = I + P_e + G - D - (K_s K_w K_{cb} + K_e)ET_0 \qquad (3-54)$$

式中: ΔW 为相邻两次取土测定土壤水分时间间隔内根区土壤储水量的变化,mm; I 为时段内的灌水量,mm; P_e 为时段内的有效降水量,mm; G 为时段内根区下层土壤水分的向上补给量,mm; D 为时段内的深层渗漏量,mm。

按FAO的方法将作物全生育期划分为四个生育阶段,即初始生长期、快速发育期、生育中期和成熟期,玉米各生育阶段的主要根系活动层深度分别定为40 cm、80 cm、100 cm、100 cm。模拟试验在测坑中进行,播前深层土壤水分较低,模拟时将时段内根区下层土壤水分的向上补给量 G 忽略不计。由水量平衡方程,根据灌水前后根层土壤含水量,灌溉产生的深层渗漏量由下式计算:

$$D = \frac{I}{f_w} - 10\gamma_s Z(\theta_{灌后} - \theta_{灌前}) \qquad (3-55)$$

式中: γ_s 为土壤干容重,kg/cm³; Z 为设定的根系层深度,m; $\theta_{灌前}$、 $\theta_{灌后}$ 分别为灌水前、后湿沟底位置的根系层土壤平均含水量(占干土重的百分比,%); f_w 为灌溉或降雨后的土壤表面湿润比,对于常规沟灌 $f_w = 0.8$,对于交替隔沟灌溉 $f_w = 0.5$。

模拟计算夏玉米各阶段的基础作物系数,以每相邻两次测坑时间间隔为一个模拟时段;参照FAO-56提供的"4阶段3典型值"给出的基础作物系数值,利用插值方法确定各模拟时段基础作物系数的初值,并分别计算出各时段的 K_s 、 K_w 值和 K_e 初值;从第一个时段起,逐时段运用水量平衡法通过调节基础作物系数反复计算直至使模拟时段的土壤储水量值与实测值拟合最佳,反求并确定各时段的基础作物系数值;最后,利用各时段求解得到的基础作物值,对夏玉米全生育期的土壤储水变化过程进行模拟,根据收获日的模拟值与实测值的拟合程度和总偏差,分析找出引起总偏差的主要时段,并对这些时段的基础作物系数进行微调,直至各时段的平均相对误差控制在 10% 以内、最终结果的相对误差控制在 10% 左右,模拟结束。

表 3-2 为水量平衡模型反推求得的夏玉米相邻两次测定土壤水分时间间隔内基础作物系数的平均值。可以看出,夏玉米作物系数在生育期内的变化规律是前期小、中期大、后期又小,其中最高值为 1.226,出现在播后 67 d 左右,即夏玉米吐丝期。与夏玉米叶面积指数在生育期内的变化规律相比较,发现二者的变化基本同步,即夏玉米作物系数先是随着叶面积指数的增大而增大,进入灌浆期以后又随着叶面积系数的减小而减小。模拟计算的土壤储水量与实测值相比的绝对误差以成熟期和苗期较大,最大绝对误差值为 20.22 mm,相对误差均未超过 10%;利用表 3-2 中的 K_{cb} 值,进行水量平衡计算,最终模拟结果的绝对误差为 18.19 mm,相对误差为 8.42%。

作物系数确定方法包括时间变量法、温度指标变量法和综合作物系数法。以时间为变量确定的作物系数法叫作时间变量法,包括将作物分成播种—完全覆盖和完全覆盖—收获两大时段的三次多项式、以时间为变量的五次多项式形式、FAO-56 提出的四时段和三作物系数 K_c 值的作物系数曲线法。由于作物发育速率受地点、年份的影响不同,提出了以温度指标为变量的作物系数曲线法。以上方法中,温度指标法采用作物生长过程中的累积积温(cumulative growing degree days, 简称 CGDD);对于玉米和高粱作物,用 CGDD 作为变量构建作物系数曲线,与用时间作为变量构建的作物系数曲线相比,可减少不同地理位置之间作物系数的差异。针对覆膜旱作水稻,提出了综合作物系数,涵盖水稻冠层叶面积指数、天顶角绿叶覆盖率、含遮阴地表植被有效覆盖率及移栽后天数等因素的多因子形式。按照 FAO-56 指南中确定作物生育阶段的方法及模拟计算得到的作物系数 K_{cb}(见表 3-2),试验确定了用分阶段直线法构建的夏玉米基础作物系数 K_{cb} 曲线参数(见表 3-3),表中参数构建的夏玉米分段直线基础作物系数曲线见图 3-8,该方法确定的夏玉米基础作物系数 K_{cb} 曲线,初始生长期、生育中期和成熟期的基础作物系数分别为 0.315、1.150 和 0.228,与 FAO 出版的《指南》中提供的三个参数 K_{cbini}(0.15)、K_{cbmed}(1.15)、K_{cbend}(0.15)相比,试验结果除 K_{cbmed} 外,K_{cbini} 和 K_{cbend} 值比《指南》中的参考值偏大。分析其原因,《指南》中的 K_c 值是在标准气候条件下,即白天平均最低相对湿度 45% 左右、平均风速 2 m/s 的半湿润区测得的,而在本研究中,夏玉米苗期白天平均最低相对湿度低于 45%,且风速偏高,因此 K_{cbini} 值偏大,夏玉米成熟期的最后几天风速较大,且收获时籽粒含水量在 20% 以上,比 18% 略大,故 K_{cbend} 值也略高。因此,用 FAO-56 分段直线法构建作物系数曲线时,无论是各生育时段长度的划分,还是三个典型值的确定,均应利用当地的试验资料进行必要的修正。

表 3-2　播后不同时期夏玉米基础作物系数 K_{cb} 的模拟结果(2000 年新乡)

播后天数(d)	累积积温(℃)	K_{cb}	绝对误差(mm)	相对误差(%)
6	158.9	0.049	10.260	4.62
11	292.7	0.247	13.440	6.03
16	428.8	0.248	16.767	8.28
21	553.4	0.324	17.982	7.72
26	689.6	0.368	18.711	8.55
31	822.4	0.382	15.066	7.46
36	952.8	0.349	15.552	7.18
41	1 085.6	0.503	16.412	7.82
46	1 226.6	0.785	16.524	8.16
51	1 374.7	0.785	16.038	7.24
57	1 547.5	0.937	13.608	6.11
62	1 675.8	1.097	14.823	6.86
67	1 803.9	1.226	13.365	6.67
72	1 945.5	1.219	15.496	6.96
77	2 078.1	1.032	12.630	6.23
82	2 207.4	1.120	18.810	7.79
88	2 361.6	0.849	16.035	7.91
93	2 485.1	0.822	19.860	8.69
98	2 582.3	0.611	17.610	8.52
103	2 690.8	0.591	20.220	9.08
108	2 808.4	0.282	19.665	8.92
113	2 909.5	0.224	19.440	9.62
118	3 003.9	0.213	19.530	9.74

表 3-3　用分阶段直线法构建基础作物系数曲线的玉米生长时段和基础作物系数 K_{cb}

夏玉米生育时段	时段长度(d)	基础作物系数(K_{cb})
初始生长期	35	0.315
快速发育期	25	0.315~1.150
生育中期	22	1.150
成熟期	36	1.150~0.228

利用表 3-2 中的第 1 列、第 2 列和第 3 列数据,以夏玉米基础作物系数 K_{cb} 作为因变量,分别绘出了夏玉米基础作物系数 K_{cb} 随播后天数(DPP)和夏玉米基础作物系数 K_{cb} 随

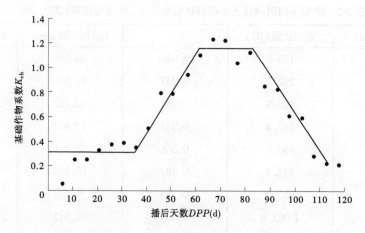

图 3-8　以分段直线法构建的夏玉米基础作物系数曲线（2000 年新乡）

生育期累积积温（*CGDD*）的变化规律（见图 3-9 和图 3-10）。对上述关系进行回归分析，根据多项式曲线与数据点的拟合程度及相关系数的大小，发现夏玉米基础作物系数 K_{cb} 与播后天数和累积积温之间均呈现出良好的六次多项式关系，回归分析参数与统计结果见表 3-4。

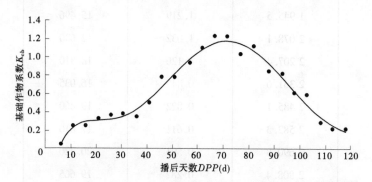

图 3-9　以播后天数为变量的夏玉米基础作物系数曲线（2000 年新乡）

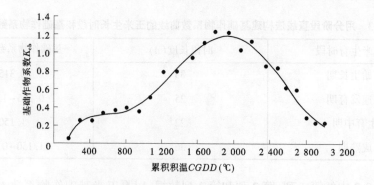

图 3-10　以累积积温为变量的夏玉米作物系数曲线（2000 年新乡）

表 3-4 　K_{cb} 作为播后天数(DPP)和生育期累积积温($CGDD$)函数的回归系数(2000 年新乡)

变量		DPP	$CGDD$
回归系数	a_0	−0.493 962 287	−0.438 224 072
	a_1	0.132 147 310	0.004 433 101
	a_2	−0.008 285 765	−1.007 34×10^{-5}
	a_3	2.411 5×10^{-4}	1.066 19×10^{-8}
	a_4	−3.248 4×10^{-6}	−5.150 08×10^{-12}
	a_5	2.009 5×10^{-8}	1.119 96×10^{-15}
	a_6	−4.656 36×10^{-11}	−8.899 40×10^{-20}
回归统计	n	23	23
	R^2	0.973 3	0.973 9
	$se(K_c)$	0.070 3	0.069 4
	F	97.05	99.60

4. 不同沟灌方式下夏玉米作物系数(K_c)曲线

通过上述参数的计算,分别由单作物系数法和双作物系数法计算作物系数 K_c,绘制作物系数曲线。通过 K_{cb} 值和土面蒸发系数 K_e 值,计算出适宜供水条件下常规沟灌与交替隔沟灌溉夏玉米的双作物系数 K_c 值,作物系数曲线见图 3-11、图 3-12。由于交替隔沟灌溉的灌水方式修正系数 $K_w < 1.0$,所以尽管两种灌水方式的基础作物系数曲线的变化趋势相同,但交替隔沟灌溉的基础作物系数值还是明显低于常规沟灌;从作物系数曲线的波动变化来看,逐日作物系数主要受灌水或降水的影响,其波动幅度的大小与灌水湿润方式关系密切,在夏玉米生育前期和灌浆成熟期,常规沟灌的土面蒸发系数较大,作物系数曲线的波动幅度也较大,而在夏玉米生育中期则是交替隔沟灌溉处理的作物系数波动幅度略大些,原因可能由两种沟灌方式下叶面积指数和植株蒸腾速率的差异引起。从生育中期土面蒸发的计算结果来看,常规沟灌的结果偏低,这主要受 K_{cmax} 公式中的参数取值所限。

单作物系数法计算的两种沟灌方式下玉米作物系数曲线的变化趋势基本相同(见图 3-13、图 3-14),即在初期较小,变化缓慢;到夏玉米快速生长期,作物系数也呈增加的趋势,一直持续到生育中期,受到夏玉米生育中期阴雨天气偏多的影响,作物系数曲线出现了短时的下降,之后出现短时间的稳定峰值状态;成熟期,随着玉米的成熟老化,作物系数也呈现出递减的趋势,且下降幅度很大。对比两种沟灌方式的单作物系数,由于灌水方式修正系数 K_w 的存在,交替隔沟灌溉的作物系数明显低于常规沟灌。另外,两种沟灌方式的单作物系数的增加和下降幅度也存在差异,尤其在生育中期表现比较明显,可能由两种沟灌方式的叶面积指数差异引起。

5. 交替隔沟灌溉条件下农田蒸发蒸腾量计算结果

根据上面给出的参考作物法和作物系数的计算方法,对适宜水分条件下常规沟灌和

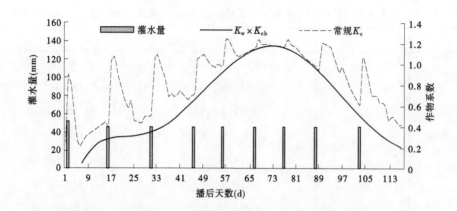

图 3-11　常规沟灌 L-70 水分处理的夏玉米双作物系数曲线 (2000 年新乡)

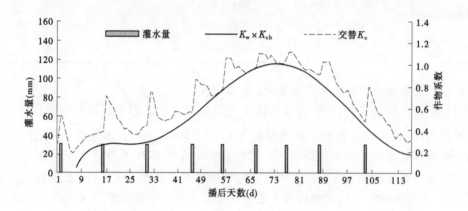

图 3-12　交替隔沟灌溉 L-70 水分处理的夏玉米双作物系数曲线 (2000 年新乡)

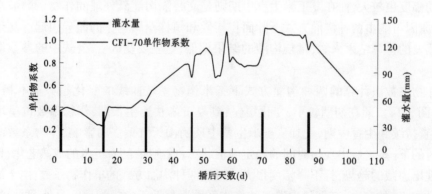

图 3-13　常规灌溉 L-70 水分处理的夏玉米单作物系数曲线 (2003 年新乡)

交替隔沟灌溉夏玉米的农田蒸发蒸腾量、棵间土面蒸发量进行计算,对比两种作物系数法计算的农田蒸发蒸腾量(见表 3-5)。

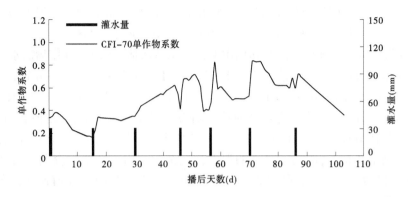

图 3-14　交替隔沟灌溉 L-70 水分处理的夏玉米单作物系数曲线（2003 年新乡）

表 3-5　由单、双作物系数法计算的 L-70 处理农田蒸发蒸腾量对比（2003 年）

| 方式 | 生育阶段 | 单作物系数 | | | | 双作物系数 | | | |
		计算值（mm）	实测值（mm）	差值（mm）	误差（%）	计算值（mm）	实测值（mm）	差值（mm）	误差（%）
常规沟灌	播种—出苗	32.08	36.53	-4.45	-12.18	40.57	36.53	4.04	11.06
	出苗—拔节	95.91	104.16	-8.25	-7.92	99.43	104.16	-4.73	-4.54
	拔节—抽雄	88.41	93.80	-5.39	-5.75	86.00	93.80	-7.80	-8.32
	抽雄—灌浆	49.39	54.03	-4.64	-8.59	53.93	54.03	-0.10	-0.19
	灌浆—成熟	50.30	46.98	3.32	7.07	50.50	46.98	3.52	7.49
	全生育期	316.09	335.50	-19.41	-5.79	330.43	335.5	-5.07	-1.51
交替隔沟灌溉	播种—出苗	28.62	31.99	-3.37	-10.53	32.24	31.99	0.25	0.78
	出苗—拔节	88.20	98.88	-10.68	-10.80	96.21	98.88	-2.67	-2.70
	拔节—抽雄	68.55	70.92	-2.37	-3.34	68.86	70.92	-2.06	-2.90
	抽雄—灌浆	30.65	30.45	0.20	0.66	30.58	30.45	0.13	0.43
	灌浆—成熟	34.39	32.63	1.76	5.39	34.79	32.63	2.16	6.62
	全生育期	250.41	264.87	-14.46	-5.46	262.68	264.87	-2.19	-0.83

从各生育阶段来看,在生育初期,两种计算方法存在很大差异,这是由于在生育初期,地面覆盖较少,土面蒸发的影响很大,单作物系数法计算削弱了土面蒸发的影响,而用双作物系数法计算结果与实测值更加接近;在中后期,由于随着玉米的生长发育,地面覆盖很高,土面蒸发的影响减小,两种计算方法差异相对小一些。夏玉米整个生育期,单作物系数计算的最大相对误差为-12.18%,而双作物系数计算的最大相对误差为 11.06%(见表 3-5)。用两种不同方法计算的作物腾发量结果均比实测值偏小,而单作物系数法的偏差远大于双作物系数法,常规沟灌和交替隔沟灌溉方式的单作物系数法计算的全生育期结果的绝对偏差分别为-19.41 mm 和-14.46 mm,相对误差分别为-5.79%和-5.46%;双

作物系数法计算结果的绝对偏差分别为-5. 07 mm 和-2. 19 mm,而相对误差为-1. 51% 和
-0. 83%。可见,双作物系数法计算作物蒸发蒸腾量更接近于实测值。

表 3-6 为夏玉米播种后至灌浆初期由双作物系数法估算的 L-70 作物需水量,两种灌
水方式的作物系数偏低,导致常规沟灌和交替隔沟灌溉的计算累计值分别低于实测值
19. 29 mm 和 8. 34 mm,其原因可能与灌水次数较多有关,实测值本身可能就比理论值偏
大。从两种灌水方式累积负偏差的相对值分别为 7. 32% 和 4. 05%,各阶段相对误差的绝
对值均能控制在 10% 以内。在夏玉米灌浆—成熟期,计算值偏高,其中交替隔沟灌溉的
相对误差达到了 9. 82%,但仍在允许的误差控制范围之内。从全生育期来看,常规沟灌
计算值偏低 14. 74 mm,相对误差为-3. 55%;交替隔沟灌溉的计算值比实测值高 1. 07
mm,相对误差为 0. 34%。

表 3-6　两种灌水方式作物各阶段蒸发蒸腾量计算结果与实测值的比较(2000 年)

生育时段	常规沟灌				交替隔沟灌溉			
	$ET_{模拟}$	$ET_{实测}$	差值	误差	$ET_{模拟}$	$ET_{实测}$	差值	误差
	(mm)	(mm)	(mm)	(%)	(mm)	(mm)	(mm)	(%)
播种—出苗	19. 65	21. 42	-1. 77	-8. 26	12. 54	13. 79	-1. 25	-9. 06
出苗—拔节	64. 48	71. 59	-7. 11	-9. 93	52. 70	54. 42	-1. 72	-3. 16
拔节—抽雄	115. 98	120. 90	-4. 92	-4. 07	87. 13	90. 84	-3. 71	-4. 09
抽雄—灌浆	63. 35	68. 84	-5. 49	-7. 98	53. 60	55. 26	-1. 66	-3. 00
灌浆—成熟	137. 30	132. 75	4. 55	3. 43	105. 23	95. 82	9. 41	9. 82
全生育期	400. 76	415. 50	-14. 74	-3. 55	311. 20	310. 13	1. 07	0. 34

以上对农田蒸发蒸腾量的模拟结果表明,常规沟灌条件下夏玉米抽雄—灌浆期计算
的土面蒸发偏低、相对误差较大,其他阶段的估算精度较好,在忽略不同沟灌方式下土壤
和作物冠层面能量通量差异的情况下,用参考作物法估算不同沟灌方式夏玉米田棵间土
壤蒸发是可行的(见表 3-7)。

表 3-7　两种灌水方式作物各阶段土面蒸发计算结果与实测值的比较(2000 年)

生育时段	常规沟灌				交替隔沟灌溉			
	$E_{计算}$	$E_{实测}$	差值	误差	$E_{计算}$	$E_{实测}$	差值	误差
	(mm)	(mm)	(mm)	(%)	(mm)	(mm)	(mm)	(%)
播种—出苗	19. 55	19. 64	-0. 09	-0. 46	12. 05	12. 05	0	0
出苗—拔节	32. 73	29. 93	2. 80	9. 36	19. 22	19. 04	0. 18	0. 95
拔节—抽雄	32. 91	32. 57	0. 34	1. 04	21. 54	19. 69	1. 85	9. 40
抽雄—灌浆	8. 99	12. 29	-3. 30	-26. 85	8. 57	7. 87	0. 70	8. 89
灌浆—成熟	45. 14	42. 93	2. 21	5. 15	30. 22	29. 18	1. 04	3. 56
全生育期	139. 32	137. 36	1. 96	1. 43	91. 60	88. 43	3. 17	3. 59

(二)双源模型

对于垄作低密度作物,土壤蒸发与作物蒸腾的通量汇源面存在较大差异,二者相互作
用。对于稀疏植被冠层,田间蒸发蒸腾包括土壤蒸发和作物蒸腾两部分。将地表和植物

冠层作为两个既相互独立又相互作用的水汽源,稀疏植被的田间蒸发蒸腾量计算时,假设植被冠层的水汽和热量通量是连续的,引入土壤阻力和冠层阻力参数,提出了用于稀疏植被蒸发蒸腾量计算的 S-W 模型,为双源模型的代表模型。该模型将 SPAC 系统的能量分为三个层面考虑:第一为参考高度处的大气层;第二为位于动量传输汇处的植物冠层;第三为土壤层。该模型的假设条件为:冠层在水平方向上足够均匀;空气中分子输送项远比湍流输送项小,可忽略不计;植物冠层内植物体吸收的净辐射能将全部用于与周围空气进行潜热和显热交换,而植物本身没有净能量贮存。利用 S-W 模型对半干旱地区的草地和野生灌木丛等蒸散量计算中发现,精度比 PM 模型显著提高。S-W 模型的可靠性主要依赖于太阳净辐射、冠层阻力和土壤表面阻力参数。S-W 模型单独考虑了土壤层,提高了叶面积指数较小($LAI \leqslant 4$)时稀疏植被的蒸发蒸腾计算精度,既可估算蒸发蒸腾量,还可以对土壤面的蒸发和植被蒸腾进行分离评价,在垄作农田、热带农作物、热带雨林等稀疏植被系统以及灌木的蒸腾量计算中被广泛应用。

由于华北平原地区夏玉米的生长季在 6~9 月,期间为雨量集中季,全年主要降雨都集中在夏玉米生长季,在大田生产中交替隔沟灌溉与常规沟灌的作物需水主要来自降雨,土壤层与作物冠层的能量通量受沟灌方式的影响相对小,上述 PM 模型的模拟结果表明,在不满足 S-W 模型参数条件的情况下也可以选用 PM 模型;华北平原春玉米的生长季在4 月下旬至 8 月中旬,受春旱灌溉的影响,交替隔沟灌溉与常规沟灌的土壤水分空间差异大,作物冠层指标也存在一定差异,土壤、冠层能量层的能量交换受沟灌方式影响大,与PM 模型相比,在理论上 S-W 模型更有利于春玉米垄作农田蒸发蒸腾量计算精度的提高。

S-W 模型表示的蒸发蒸腾潜热 λET 由植物蒸腾和土壤蒸发两部分组成:

$$\lambda ET = \lambda T_r + \lambda E = C_c PM_c + C_s PM_s \tag{3-56}$$

其中

$$PM_c = \frac{\Delta A + [\rho_a C_p D_{ref} - \Delta r_B(A - A_c)]/(r_a^a + r_B)}{\Delta + \gamma[1 + r_a^c/(r_a^a + r_B)]} \tag{3-57}$$

$$PM_s = \frac{\Delta A + [\rho_a C_p D_{ref} - \Delta r_a^s(A - A_s)]/(r_a^a + r_a^s)}{\Delta + \gamma[1 + r_s^s/(r_a^a + r_a^s)]} \tag{3-58}$$

式中:$C_c PM_c$ 和 $C_s PM_s$ 分别为 SPAC 系统内植物蒸腾潜热通量和土壤蒸发潜热通量,MJ/($m^2 \cdot d$);C_c、C_s 分别是冠层阻力系数和土壤表面阻力系数,$C_c = \left[1 + \frac{R_c R_a}{R_s(R_c + R_a)}\right]^{-1}$,$C_s = \left[1 + \frac{R_s R_a}{R_c(R_s + R_a)}\right]^{-1}$,$R_a = (\Delta + \gamma)r_a^a$,$R_c = (\Delta + \gamma)r_B + \gamma r_a^c$,$R_s = (\Delta + \gamma)r_a^s + \gamma r_s^s$,$\Delta$ 为饱和水汽压与温度关系曲线斜率,kPa/℃;A、A_c 和 A_s 分别为冠层上方的有效输入能量($A = R_n - G$)、土壤表面有效输入能量($A_s = R_{ns} - G$)、冠层可利用能量($A_c = F_i R_n$),MJ/($m^2 \cdot d$),R_n、R_{ns} 分别为冠层上方和地面接受的太阳净辐射,MJ/($m^2 \cdot d$),G 为土壤热通量,MJ/($m^2 \cdot d$),F_i 为作物冠层的辐射截获率;r_a^a、r_a^s 分别为参考高度至冠层汇源高度、冠层汇源至地面的空气动力学阻力,s/m;r_a^c 为冠层阻力,s/m;r_B 为冠层边界层阻力,s/m;r_s^s 为土壤表面阻力,s/m。

交替隔沟灌溉条件下土壤蒸发区域可分为湿润区域($C_s^w PM_s^w$)和非湿润区域

$C_s^{nw} PM_s^{nw}$ 两部分,引入土壤表面湿润比 f_w 。式(3-56)可表示为

$$\lambda ET = C_c PM_c + f_w C_s^w PM_s^w + (1 - f_w) C_s^{nw} PM_s^{nw} \tag{3-59}$$

式中:右边后两项分别代表土壤湿润部分蒸发潜热通量和非湿润区域蒸发潜热通量,表示为

$$PM_s^w = \frac{\Delta A_s^w + [\rho_a C_p D_{ref} - \Delta r_a^s (R_n - R_{ns})] / (r_a^a + r_a^s)}{\Delta + \gamma [1 + r_s^{sw} / (r_a^a + r_a^s)]} \tag{3-60}$$

$$PM_s^{nw} = \frac{\Delta A_s^{nw} + [\rho_a C_p D_{ref} - \Delta r_a^s (R_n - R_{ns})] / (r_a^a + r_a^s)}{\Delta + \gamma [1 + r_s^{snw} / (r_a^a + r_a^s)]} \tag{3-61}$$

式中: C_s^w 和 C_s^{nw} 分别为湿润部分与非湿润部分的土壤表面阻力系数, $C_s^w = \left[1 + \frac{R_s^w R_a}{R_c (R_s^w + R_a)} \right]^{-1}$, $C_s^{nw} = \left[1 + \frac{R_s^{nw} R_a}{R_c (R_s^{nw} + R_a)} \right]^{-1}$, $R_s^w = (\Delta + \gamma) r_a^s + \gamma r_s^{sw}$, $R_s^{nw} = (\Delta + \gamma) r_a^s + \gamma r_s^{snw}$; D_{ref} 为水汽压差,kPa; r_s^{sw} 、 r_s^{snw} 分别为湿润区域与非湿润区域的土壤蒸发阻力,s/m; A_s^w 和 A_s^{nw} 分别为湿润土壤表面的有效输入能量和非湿润土壤表面的有效输入能量,MJ/(m$^2 \cdot$ d), $A_s^w = R_{ns} - G_w$, $A_s^{nw} = R_{ns} - G_{nw}$ 。

土壤热通量分为湿润区域(G_w)和非湿润区域(G_{nw})两部分,即 $G = G_w + G_{nw}$ 。

S-W 模型中各阻力参数示意图见图 3-15。

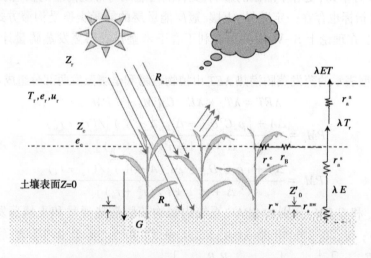

注: Z_r 为参考高度,m; u_r 为参考高度风速,m/s; e_r 为参考高度水汽压,kPa;

Z_c 为冠层汇源高度,m; Z' 为地面粗糙长度,m。

图 3-15　S-W 模型中各阻力参数

1. 交替隔沟灌溉条件下空气动力学阻力

空气动力学阻力包括地表($Z = 0$)至冠层汇源高度(Z_c)处的空气动力学总阻力(r_a^s)、冠层汇源处至参考高度(Z_r)处的空气动力学总阻力(r_a^a)两部分,由冠层内外的气体扩散系数计算(K 理论)。

1)地表至冠层汇源高度处的空气动力学阻力(r_a^s)

地表面 $Z_s = 0$ 至冠层汇源高度 $Z_c = Z_0 + d$ 的空气动力学阻力为

$$r_a^s = \int_{Z'_0}^{d+Z_0} \frac{1}{K(Z_s)} dZ_s = \frac{h_c \exp(n_c)}{n_c K_h} \left[\exp\frac{-n_c Z'_0}{h_c} - \exp\frac{-n_c(d+Z_0)}{h_c} \right] \quad (3-62)$$

对于沟灌稀疏冠层($LAI<4$),由冠层上部和内部的风速分布方程得到乱流扩散系数K:

$$K = \begin{cases} k_a u^* (Z_s - d) & Z_s > h_c \\ K_h \exp\left[-n_c(1 - Z_s/h_c) \right] & Z_s \leq h_c \end{cases} \quad (3-63)$$

上述两式中:$K_h = k_a u^* (h_c - d)$。k_a是Karman常数,为0.41。h_c为冠层高度,m。Z_s为观测高度,m。K_h为冠层高度h_c处的乱流扩散系数。n_c是乱流扩散系数的衰减常数:当$h_c \leq 1$时,$n_c = 2.5$;当$1 < h_c < 10$时,$n_c = 2.31 + 0.19h_c$;当$h_c \geq 10$时,$n_c = 4.25$。

对于疏松植被冠层,零平面位移d为:$Z_0 = \begin{cases} Z'_0 + 0.3 h_c X^{\frac{1}{2}} & 0 \leq X \leq 0.2 \\ 0.3 h_c \left(1 - \dfrac{d}{h_c}\right) & 0.2 < X \leq 1.5 \end{cases}$;

$d = 1.1 h_c \ln(1 + X^{1/4})$(m)。其中:$X = C_d LAI$,当$h_c = 0$时,$C_d = 1.4 \times 10^{-3}$;当$h_c > 0$时,$C_d = [\exp(0.91 - 3.03 z_{oc}/h_c) - 1]^4/4$;当$h_c \leq 1$时,$z_{oc} = 0.13 h_c$;当$1 < h_c < 10$时,$z_{oc} = 0.139 h_c - 0.009 h_c^2$;当$h_c \geq 10$时,$z_{oc} = 0.05 h_c$。$Z'_0$为土壤表面的粗度长(取0.01 m)。$C_d$为平均阻力系数。$u^*$为摩擦风速,m/s,当地表为不均匀结构时,地面湍流交换是一个复杂的空气动力学过程,与局地风速、风向有关,可分三种情况考虑:①当风向垂直于沟垄走向时,u^*为沟垄表面某点处的摩擦风速,$u^* = \dfrac{k_a u_s}{\ln[(Z_s - d)/Z_0]}$,式中,$u_s$是沟垄面上0.05 m处的风速,$u_s = \left[0.27 + 0.14 \times (\dfrac{H}{30}\dfrac{H}{w}) \cos\left(\dfrac{\pi x}{W}\right) \right] u_2$,$H/W$是垄高与沟宽之比(取值0.5~1),$u_2$为2 m高处风速;$x$为地表剖面边界方程的横坐标。②当风向平行于沟垄走向时,地面看作平地,修正后风速高度:$Z_s = Z_r - \dfrac{H}{2}\cos(\pi x/w)$,$u^* = \dfrac{k_a u_r}{\ln[(Z_s - d)/Z_0]}$。③当风向与沟垄走向成一角度时,风刮过的沟垄宽度为$W(t) = W/\sin\gamma_i$,γ_i为风向与沟垄走向间的夹角(小于15°认为平行沟垄走向)。

2)冠层汇源处至参考高度处的空气动力学总阻力(r_a^a)

$$r_a^a = \frac{1}{ku^*}\ln\left(\frac{z_r - d}{h - d}\right) + \frac{h}{n_c K_h}\left\{ \exp\left[n_c\left(1 - \frac{Z_0 + d}{h}\right) \right] - 1 \right\} \quad (3-64)$$

2. 交替隔沟灌溉条件下叶片边界层阻力(r_B)

假定叶面积在垂直方向均匀分布,冠层边界层阻力r_B表示为

$$\frac{1}{r_B} = L \frac{2a}{\xi}\left(\frac{u_h}{W_L}\right)^{\frac{1}{2}} \left[1 - \exp(-\xi/2) \right] \quad \text{(Daamen,1997 年)} \quad (3-65)$$

对于叶片两面都有气孔的植物,取$a = 0.01 \text{ ms}^{-1/2}$。$W_L$为叶片宽度,m;$\xi$为风速衰减系数($\xi = 3$);$L$为冠层内从$Z$到$h$的叶面积指数分布函数$L(Z)$积分,$L = \int_z^h L(Z) dz$;根据

参考高度处风速计算冠层高度处风速(u_{h}):

$$u_{h} = u_{r} \ln\left(\frac{h_{c} - d}{z_{0}}\right) \bigg/ \ln\left(\frac{z_{r} - d}{z_{0}}\right) \tag{3-66}$$

因此,冠层总边界层阻力 r_{B} 为

$$r_{B} = \frac{50\xi}{L} \cdot \frac{(W_{L}/u_{h})^{1/2}}{1 - \exp(-\xi/2)} \tag{3-67}$$

3. 交替隔沟灌溉条件下冠层阻力模型

1) Jarvis(1976)模型

冠层阻力(r_{a}^{c})与环境因子的关系看作为一系列胁迫函数的组合,以 Jarvis(1976)模型为基础:

$$r_{a}^{c} = \frac{r_{st\,min}}{LAI_{e}R(X_{f})} = \frac{r_{st\,min}}{LAI_{e}\prod F_{f}(X_{f})} \tag{3-68}$$

式中:令 $R(X_{f}) = \prod F_{f}(X_{f})$,作为环境胁迫综合函数,$f$ 为环境因子序数($f = 1,2,3\cdots$),X_{f} 为环境变量,$F_{f}(X_{f})$ 为 X_{f} 的胁迫函数,$0 \leqslant F_{f}(X_{f}) \leqslant 1$。充分供水条件下气孔阻力的最小值 $r_{st\,min}$ 为 112 s/m(08:00~18:00)。

(1)充分供水条件下的环境胁迫函数 $R(X_{f})$。

充分供水条件下影响冠层阻力的环境胁迫因子主要包括太阳辐射、饱和水汽压差、空气温度和 CO_2 浓度,通常 CO_2 对植物气孔的影响可以忽略不计。环境胁迫综合函数 $[R(X_{f})]$ 表示为:

$$R(X_{f}) = F_{1}(R_{PAR})F_{2}(D_{ref})F_{3}(T_{a}) \tag{3-69}$$

式中:$F_{1}(R_{PAR})$ 为太阳有效辐射(R_{PAR})的胁迫函数;$F_{2}(D_{ref})$ 为饱和水汽压差(D_{ref})的胁迫函数;$F_{3}(T_{a})$ 为空气温度(T_{a})的胁迫函数。

太阳辐射是控制气孔运动的主要因素之一,在正常情况下气孔随辐射强度的增大逐渐张开,当辐射强度增加到一定程度后,气孔开度达到最大。几种充分供水的作物冠层温度分析认为,太阳净辐射与气孔导度呈正比线性关系。Jarvis(1976)模型中气孔阻力对太阳有效辐射(R_{PAR})的响应函数表示为

$$F_{1}(R_{PAR}) = \frac{b_{1}R_{PAR}}{b_{2} + R_{PAR}} \quad (\text{Jarvis},1976) \tag{3-70}$$

气孔阻力对水汽压差的响应函数多为线性或指数关系,气孔阻力对饱和水汽压差(D_{ref})的响应函数为

$$F_{2}(D_{ref}) = 1 + c_{1}D_{ref} \tag{3-71}$$

气温对气孔开关行为有一定影响,对温室小麦研究发现,叶片气孔开启有一适宜温度区间,在适宜区间内气孔充分开启,否则气孔开度减小。康绍忠等(1991)从冬小麦田间试验中认识到,气孔充分开启的临界温度为 25 ℃,超过这个温度气孔开度减小。温度胁迫函数表示为

$$F_{3}(T_{a}) = \begin{cases} 1 & T_{a} \geqslant 25 \text{ ℃} \\ 1 - d_{1}(25 - T_{a})^{2} & 0 < T_{a} < 25 \text{ ℃} \\ 0 & T_{a} \leqslant 0 \end{cases} \tag{3-72}$$

式(3-72)的意义为,当气温高于 25 ℃时,气孔开度不受限制;0 ℃为气孔完全关闭的临界温度。式(3-70)~式(3-72)中, R_{PAR} 为太阳入射有效辐射,W/m^2, D_{ref} 为饱和水汽压差,hPa; T_a 为空气温度,℃;用最小二乘法求解式(3-70)~式(3-72)中待定系数 b_1、b_2、c_1 和 d_1 分别为 1.12、380、−0.387 和 0.004 8。

(2)非充分供水条件下的环境胁迫函数。

非充分供水条件下,影响叶片气孔阻力的外界因素除太阳辐射、水汽压差和气温外,还有土壤水分。环境胁迫综合函数由 $R'(X_f)$ 表示,代替式(3-69)中的 $R(X_f)$:

$$R'(X_f) = F_1(R_{PAR}) F_2(D_{ref}) F_3(T_a) F_5(\Delta T_c) \tag{3-73}$$

采用非线性最小二乘法求解式中的待定系数 g_1($g_1 = -0.236$)和 g_2($g_2 = 1.087$)。其中,水分胁迫对冠层阻力的影响使用标准化土壤水分函数来反映:

$$F_4(\theta) = \begin{cases} 1 & \theta \geqslant \theta_f \\ \dfrac{\theta - \theta_w}{\theta_f - \theta_w} & \theta_w < \theta < \theta_f \\ 0 & \theta \leqslant \theta_w \end{cases} \tag{3-74}$$

式中: θ 为根区土壤含水量,cm^3/cm^3; θ_f 为田间持水量,cm^3/cm^3; θ_w 为凋萎含水量,cm^3/cm^3。

由于作物叶片气孔阻力的日变幅较大,而土壤水分的日变化很小,通常式(3-74)中的土壤含水量取值近似为日均值,不能反映土壤水分亏缺对叶片气孔阻力在一天中不同时刻的差异。经过大量研究证实,冠层温度可用于反映土壤水分不足引起的作物水分亏缺,通过实测冠层上、下部温差(ΔT_c)与气孔阻力的关系分析发现,冠层上、下部温差能反映冠层内部的温度变化,说明冠层内部温度对气孔活动影响很大(见图 3-16)。由冠层上、下部温差反映土壤水分亏缺的理论基础为:冠层的能量输送过程与冠层温度有关,叶片气孔直接控制作物蒸腾失水速度,进而控制冠层能量在 SPAC 系统中的传输与转化。在土壤水分充足条件下,作物以潜在蒸腾速率失水,冠层能量得以释放,冠层温度降低;在土壤水分不足时,气孔开度与冠层温度密切相关,干旱引起气孔导度下降,冠层蒸腾失水速率减小,冠层能量未充分释放,使冠层温度增加,促使气孔保护性关闭。基于上述理论基础和已有研究基础,提出了冠层温度与气孔导度关系的改进模式:

$$G_s = G'_s f(T_h) = G'_s (1 + d_2 \Delta T_h)^{d_3} \tag{3-75}$$

式中: G_s 为气孔导度,m/s; ΔT_h 为冠层温度(T_c)与同一时刻土壤充分供水条件下的冠层温度(T_h)的差值,其意义为:土壤充分供水时, $T_c = T_h$, $f(T_h) = 1$;土壤水分亏缺时, $T_c < T_h$, $f(T_h) < 1$, G_s 减小; d_2 和 d_3 为待定系数; G'_s 为其他环境因素对气孔导度的影响函数。

受作物叶面积指数的影响,气象因素对叶片气孔的影响程度不同,研究分析发现气孔阻力与叶面积指数间存在显著的线性关系($R^2 = 0.738$),气孔阻力与冠层上、下部温差存在显著的相关关系。通过上面的分析,冠层温度能够反映土壤水分不足引起的作物水分亏缺。分析灌溉或雨后的冠层温度(见表 3-8),可见在灌水或降雨后冠层上、下部温度相对偏差为 0.3%~0.5%,而两年玉米生长季的平均冠层温差分别为 6.97%(2009 年)和 3.65%(2010 年),可见在灌后或雨后的冠层上、下部温差非常小, $T_{ca} - T_{cb} \approx 0$ 。因此,用

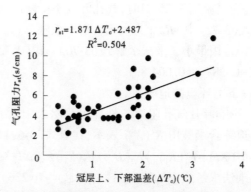

图 3-16　气孔阻力与冠层上、下温差(ΔT_c)的相关性(2009~2010 年)

冠层上、下部温差($\Delta T_c = T_{ca} - T_{cb}$)表示式(3-75)中的 ΔT_h,则非充分供水条件下的环境胁迫函数为

$$F_5(\Delta T_c) = (1 + g_1 \Delta T_c)^{g_2} \tag{3-76}$$

式中:$\Delta T_c = T_{ca} - T_{cb}$,$T_{ca}$ 为冠层上部温度,T_{cb} 为冠层底部温度。当灌水或降雨后,$T_{ca} \approx T_{cb}$,$F_5(\Delta T_c) = 1$;当土壤水分逐渐减小时,$T_{cb} < T_{ca}$,$F_5(\Delta T_c) < 1$。

表 3-8　灌水或降雨后 1 d 的冠层上部与下部的温度　　　　　　　(单位:℃)

日期	雨后或灌溉后(年-月-日)						年均温度	
	2009-06-07	2009-06-25	2009-08-06	2010-06-13	2010-06-30	2010-07-09	2009 年	2010 年
上部 T_{ca}	29.33	32.55	34.44	28.70	32.30	28.00	30.99	29.56
下部 T_{cb}	29.20	32.44	34.28	28.54	32.17	27.90	28.83	28.48

2)气候阻力-土壤水分综合模型

考虑气象因素和土壤水分亏缺的影响,气候阻力-土壤水分综合模型将冠层阻力定义为

$$r_a^c = r^* F_w^{-1} = \frac{\rho C_p D_{ref}}{\Delta(R_n - G)} \left(\frac{\theta - \theta_w}{\theta_f - \theta_w}\right)^{-1} \tag{3-77}$$

式中:r^* 为气候阻力,s/m;F_w 为标准化土壤水分函数。

此模型适用于单层封闭冠层。

3)多因子气孔阻力模型

多因子的冠层阻力模型考虑比较全面,观测项目也较多。在不考虑土壤水分亏缺和其他气象因素影响时,针对玉米冠层的气孔阻力模型为

$$r_a^c = \frac{r_{st} \sigma_c}{LAI_e} \tag{3-78}$$

式中:LAI_e 为有效叶面积指数;σ_c 为遮阴因子,对于玉米作物,取 $\sigma_c = 1/2$;r_{st} 为平均气孔阻力(叶片两面都有气孔时),对于生长旺盛的农作物($LAI = 4$),r_{st} 为 400 s/m,其他情况 $r_{st} = 250$ s/m。

4）沟灌下冠层阻力（r_a^c）的优选模型

为了确定一种最优的冠层阻力计算方法，采用 Jarvis（1976 年）、Ortega‑Farias 等（2004 年）和 Brisson（1998 年）模型比较计算常规沟灌和交替隔沟灌溉下的玉米冠层阻力（见图 3-17）。结果发现，Ortega‑Farias（1993 年）计算的 r_a^c 值最大，交替隔沟灌溉、常规沟灌下平均冠层阻力分别为 354.27 s/m 和 361.47 s/m；利用 Jarvis（1976 年）模型计算交替隔沟灌溉、常规沟灌下的 r_a^c 平均值分别为 339.73 s/m 和 345.56 s/m，在有效叶面积指数达到 0.3 之后，r_a^c 曲线为波动式稳定变化；Brisson（1998）计算的 r_a^c 值最小，分别为 156.60 s/m（交替隔沟灌溉）和 147.62 s/m（常规沟灌）。Jarvis（1976 年）模型考虑了太阳辐射、空气温度、饱和水汽压差、冠层温度和叶面积指数等环境因子，能够计算 r_a^c 的日变化，Ortega‑Farias（1993 年）模型考虑了气象因素和土壤水分，未考虑作物叶面积影响，其中土壤水分一般只取日间平均值，对于 r_a^c 的日变化计算精度受限，从而不能得到作物蒸腾速率的日变化值，这些是引起 Jarvis（1976 年）和 Ortega‑Farias（1993 年）两种计算方法差异的主要原因。Brisson（1998 年）仅考虑了叶面积对气孔阻力的影响，忽略了其他环境因素的影响，计算精度较低。因此，Jarvis（1976 年）为沟灌条件下优选的玉米冠层阻力模型。

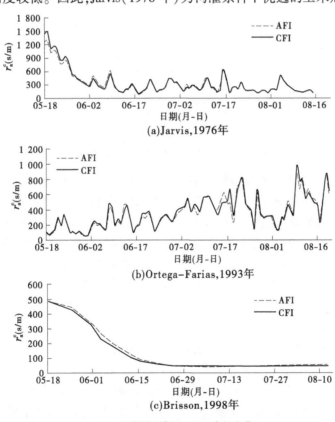

AFI—交替隔沟灌溉；CFI—常规沟灌

图 3-17　冠层阻力计算结果（2010 年）

4.S‑W 模型的计算结果

根据以上各阻力的计算结果，用式（3-56）模拟不同沟灌方式下田间蒸发蒸腾量。在玉米生长期,交替隔沟灌溉的土壤蒸发量的模拟结果与实测值间绝对误差、标准差和拟合度分别为0.237 9、0.295 3和0.899,常规沟灌的土壤蒸发量的模拟结果与实测值间绝对误差、标准差和拟合度分别为0.251 8、0.306 9和0.90,交替隔沟灌溉模拟结果为实测值的94%,常规沟灌的模拟结果为实测值的99%(见图3-18)。

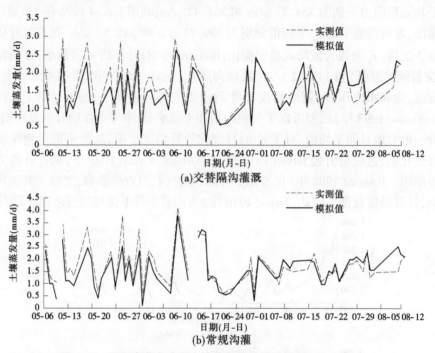

图3-18　不同沟灌方式下土壤蒸发量的模拟结果(2010年)

在玉米苗期、拔节期、抽穗期、灌浆期和成熟期五个生长阶段分别选一晴朗天气进行作物蒸腾量模拟,结果发现,每日的作物蒸腾小时变化模拟结果在中午偏高,在早晨和下午偏低,整体模拟效果较理想(见图3-19)。对模拟结果进行评价,交替隔沟灌溉的模拟结果与实测值间绝对误差、标准差和拟合度分别为1.45、1.83和0.91,常规沟灌的模拟结果与实测值间平均绝对误差、标准差和拟合度分别为1.70、2.06和0.89;交替隔沟灌溉的模拟结果为实测值的99%,而常规沟灌的模拟结果为实测值的1.11倍。通过土壤蒸发和作物蒸腾量的模拟,很好地检验了r_s^s、r_a^c、r_a^s和r_a^a各阻力模型的准确性。

(三)多源模型

多源模型是在S-W模型的理论基础上发展起来的,其代表模型为Clumping模型(简称C模型),它将植被冠层分层考虑,模型理论比较完善,涉及多个冠层面,参数也较多。一般适合于在垂直方向上具有多层结构的多种植被群体和叶面积比较大($LAI \geq 4$)的多层封闭型冠层,如高、矮秆作物间作系统及不同高度作物的农田或林地的蒸发蒸腾估算,其群体的潜热通量为各层植被潜热通量的加权和,对农田复杂群体的计算精度优于S-W模型。

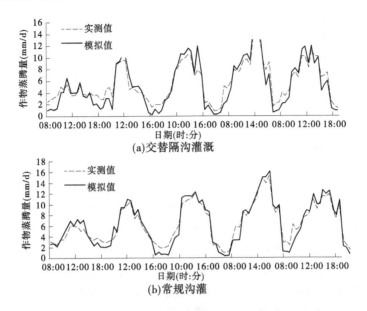

图 3-19　不同沟灌方式下作物蒸腾量的模拟结果(2010 年)

第二节　交替隔沟灌溉条件下土壤蒸发变化

　　水分为干旱半干旱地区农田生态系统良性运转和农作物产量提高的主要限制因素。因此,掌握不同灌水方式下的农田蒸发蒸腾规律,制定科学、合理的灌溉制度的首要问题就是准确估算农田土壤水分动态。土壤蒸发属物理学过程,除改善土壤环境、调节田间小气候等间接影响作物产量外,主要经由土壤表面蒸发进入到大气中,与作物产量形成无直接联系,对作物生长发育来说是一种无效损耗。农田节水调控的主要目的是通过科学的灌水方式和措施,减少棵间土壤蒸发的无效耗水。

一、玉米生长期内土壤蒸发与 ET_0 变化

　　土壤蒸发是反映大气—陆地之间相互作用的一个关键问题,发生在土壤—植物—大气系统内,是土壤水在蒸发力作用下发生相变的复杂过程,牵涉水文学、气象学和土壤学等学科领域。土壤蒸发是土壤中的水分从液态水到汽态水的瞬态变化过程,主要经历三个阶段。第一阶段,土壤水沿毛管上升到土壤表面进行蒸发,近似于游离态水水面蒸发,主要受大气条件制约,土壤含水量随时间减小。第二阶段,土壤表面形成干土层,水分通过土壤孔隙扩散到表面,蒸发包括液态水蒸发和汽态水扩散两个过程,主要受土壤含水量和土壤孔隙通量影响,此阶段的土壤含水量在田间持水量的 70% 以下,土壤含水量随时间减小。第三阶段,土壤蒸发在深层土壤中进行,水汽通过土壤孔隙扩散到大气中,蒸发速率取决于土壤物理特性,此阶段的土壤蒸发速率非常小。

　　棵间土壤蒸发受到土壤供水状况、灌水湿润方式、作物生长发育和大气蒸发力等因素的共同影响。本研究中土壤蒸发量由微型蒸渗仪测定,分别测定沟底($E_沟$)和垄顶($E_垄$)

的土壤蒸发。常规沟灌的每日土壤蒸发量为：$(E_沟+E_垄)/2$；交替隔沟灌溉的每日土壤蒸发量为：$(E_{湿沟}+E_垄+E_{干沟})/3$。

　　在玉米生育期内土壤蒸发和ET_0呈波动式日变化，不同沟灌方式间的土壤蒸发在灌后几天内差异非常明显（见图 3-20）。从夏玉米全生育期的变化可以看出，常规沟灌的棵间土壤蒸发量一直是最高的，而固定隔沟灌溉的棵间土壤蒸发量是最低的，交替隔沟灌溉的棵间土壤蒸发量在大多数时间略高于固定隔沟灌溉，但明显低于常规沟灌。通过灌后 1~3 d 的棵间土壤蒸发速率可以看出，在夏玉米生育初期，棵间土壤蒸发主要受土壤表面湿润状况、大气蒸发力和夏玉米叶面积指数的影响。播种至出苗阶段：基本上处在裸地蒸发阶段，常规沟灌在首次灌水 1 d 后棵间土壤蒸发接近ET_0值，而交替隔沟灌溉和固定隔沟灌溉的棵间土壤蒸发量比常规沟灌减少 38.89%，表明隔沟灌溉通过减小地表湿润面积明显降低了棵间土壤蒸发量；首次灌水 5 d 后，灌水方式间的土壤蒸发量差异已不明显，说明灌水方式对棵间土壤蒸发的影响主要表现在灌后的 5 d 内。出苗至拔节阶段：除受地表湿润面积影响外，冠层对土壤蒸发的影响开始显现，与播种至出苗阶段相比，三种灌水方式在灌后第 1 天的土壤蒸发量与ET_0的比值呈减少趋势，但大气蒸发力对土壤蒸发的影响仍然很明显。夏玉米拔节以后，随着叶面积指数的增大和根系的发育，大气蒸发力对土壤蒸发的影响变得不明显，不同灌水方式之间棵间土壤蒸发的差异变小，叶面积指数和灌水湿润方式是该阶段棵间土壤蒸发的两个主要影响因素。到了生育后期，随着叶面积指数的减小，大气蒸发力成为棵间土壤蒸发的主要影响因素，在灌水后不同灌水方式之间土壤蒸发的差异比较明显。

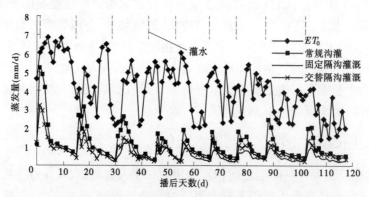

图 3-20　不同沟灌方式下夏玉米生育期棵间蒸发与ET_0变化（2000 年）

　　不同沟灌方式下棵间土壤蒸发和ET_0的多年变化表现出较为一致的趋势（见图 3-20、图 3-21），即灌水的几天内有明显的上升趋势，之后逐渐减小，曲线波动变化主要是灌水或降雨造成的，常规沟灌的棵间蒸发量明显大于交替隔沟灌溉，其数值大小受土壤供水状况、沟灌方式、作物的生长和气象等因素的共同影响（见图 3-21、图 3-22）。防雨棚下测坑试验表明，首次灌水后，常规沟灌的棵间蒸发量很大，接近参考作物蒸发蒸腾量，而交替隔沟灌溉要低 20%左右，说明了交替隔沟灌溉的地表湿润面积的减小有效地降低了棵间土壤蒸发；灌水 5 d 后，常规沟灌与交替隔沟灌溉的棵间蒸发量差异越来越小，反映了沟灌方式对棵间土壤蒸发的影响主要体现在灌水后短期内，拔节阶段之后，两种沟灌方式的棵间蒸发量差异减小,叶面积指数与地面湿润面积是影响棵间蒸发量的主要因素(见图 3-22)。无论大田还是测坑试验,常规沟灌或交替隔沟高水分灌溉在增大棵间土壤水分损失方面还是很明显的,如 2005 年玉米全生育期,常规沟灌的棵间土壤蒸发总量为 194.4 mm,交替隔沟灌溉 $2/3M$ 处理的土壤蒸发总量为 147.8 mm,交替隔沟灌溉 $1/2M$ 处理的土壤蒸发总量为 125.2 mm(见图 3-22)。

　　因此,在基本能够满足作物蒸腾的条件下保持土壤表层干燥是减少夏玉米田土壤蒸发的主要措施。常规沟灌地表湿润面积大,蒸发耗水很大,而隔沟灌溉只湿润一半左右地表土壤,明显减少了棵间土壤无效耗水,有利于水分利用效率的提高。作物生育期内棵间土壤蒸发量、棵间土壤蒸发量占田间总耗水量的比例与灌水次数和灌水定额关系密切,在黄淮海地区,灌溉只是弥补短期的降水不足,适宜小定额隔沟灌溉方式供水,但在西北干旱半干旱地区,作物生育期降水量较少,作物耗水大多来自灌溉水,因此在这些地区的灌溉,应尽量减少灌水次数,宜采用大定额隔沟灌溉。

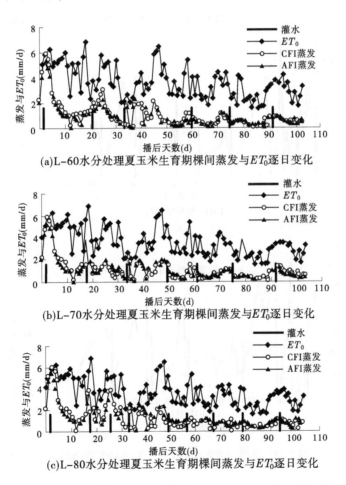

(a)L-60水分处理夏玉米生育期棵间蒸发与 ET_0 逐日变化

(b)L-70水分处理夏玉米生育期棵间蒸发与 ET_0 逐日变化

(c)L-80水分处理夏玉米生育期棵间蒸发与 ET_0 逐日变化

图 3-21　不同水分处理夏玉米生育期棵间蒸发与 ET_0 逐日变化(2003 年)

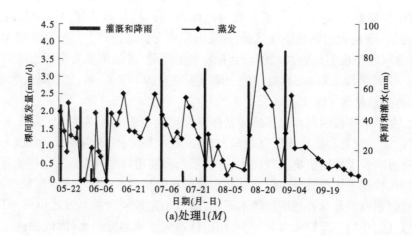

(a)处理1(M)

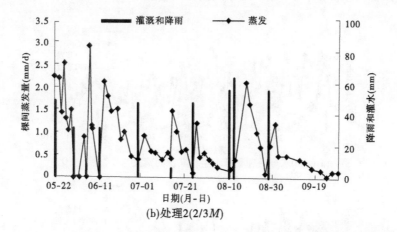

(b)处理2(2/3M)

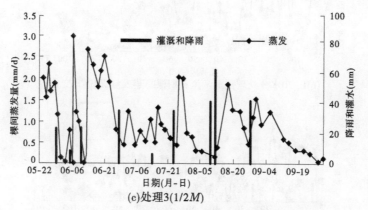

(c)处理3(1/2M)

图 3-22　不同沟灌方式下土壤蒸发测定结果(2005 年)

二、棵间土壤蒸发强度与表层土壤含水量的关系

土壤蒸发在土壤表面进行,一般在大气蒸发力比较稳定的情况下,湿润土壤开始蒸发

时,土面蒸发速率可依次分为三个阶段:稳定蒸发阶段、蒸发速率递减阶段和扩散控制阶段。第一阶段土面蒸发速率由大气蒸发力决定,且保持恒定。大气蒸发力强时,第一阶段持续的时间短;大气蒸发力弱时,第一阶段持续的时间长。一般情况下,第一阶段可维持几天,直到表土达到风干状态。在外界条件相似的前提下,黏土的第一阶段较沙土长;在壤土范围内,质地越轻,第一阶段的土面蒸发速率则越大。第二阶段蒸发速率由土壤导水率控制,蒸发速率随时间的延伸而递减。第三阶段土壤蒸发以汽态运行,土壤蒸发量很少,这个阶段的累积蒸发量与时间的平方根成比例。土壤蒸发速率的改变与土壤含水量密切相关。田间持水量可能是蒸发速率显著变小的第一个转折点;随着蒸发的进行,当水分减小到某一限度时,毛管联系中断,蒸发速率又显著减慢,相当于第二个转变点,称为毛管联系破裂含水量。当土壤湿度降到一定程度时,水分液态运行现象即行消失,除表层因扩散蒸发继续变干外,10 cm 或 20 cm 以下土层湿度不随时间延长而继续降低,整个剖面水分分布出现稳定的均衡状态,这种均衡状态下的湿度值(又称田间稳定湿度)相当于田间持水量的80%,与毛管联系破裂湿度相似。田间稳定湿度的存在使土壤能较久地保持住相当数量的水分以供植物利用,且该稳定湿度值越接近于田间持水量,土壤免于迅速蒸发的水分就越多。水分蒸发运行状态、蒸发各阶段开始的早晚及其持续时间的长短还与土壤质地和结构密切相关,粗质土和团聚好的土壤以汽态水扩散运行为主的水分当量点高;细质土和团聚少的土壤,水分运行以液态为主,只有在凋萎含水量时才达到扩散阶段。

裸地的相对土面蒸发强度(E/ET_0)随土壤含水量减小呈明显的幂函数形式;在有作物的情况下,土面蒸发与表层土壤含水量的关系比较复杂。对于农田,土面蒸发受到作物覆盖的影响;另外,当体积土壤含水量小于 20% 时,麦田土面蒸发强度接近于零,而裸地的 E/ET_0 则仍保持在 0.2 左右。说明在作物覆盖情况下,冠层遮阴和冠层内的小气候条件趋于使土面蒸发减少。为了消除气象因素的影响,当叶面积指数 $LAI<1.0$ 和 $LAI>3.0$ 时,分析交替隔沟灌溉的湿沟相对土面蒸发强度(E/ET_0)与表层 20 cm 土壤重量含水量的关系可以看出,两条曲线中 E/ET_0 随表层土壤含水量的变化趋势相同,均先是随土壤含水量的增大而线性增大,当表层土壤含水量介于 12%~16% 时,E/ET_0 随土壤含水量增加而增大的速率减小;当表层土壤含水量介于 16%~20% 时,E/ET_0 又随土壤含水量的增大而迅速增大;当表层土壤含水量大于 20% 时,E/ET_0 随土壤含水量的增加基本上呈水平直线变化(见图 3-23、图 3-24)。说明当表层土壤含水量大于 20% 时,棵间土壤蒸发主要是受大气蒸发力控制,处在土面蒸发的第一阶段;当表层土壤含水量介于 12%~20% 时,棵间土壤蒸发处在蒸发速率的递减阶段,主要受制于土壤湿度和土壤导水率的大小;当土壤含水量小于 12% 时,棵间土壤蒸发即快速地进入扩散控制阶段。当叶面积指数 $LAI<1.0$ 时,相对土面蒸发强度明显地高于 $LAI>3.0$ 的情况,且在蒸发递减阶段随表层土壤含水量的降低而下降的速率非常快,表明在冠层覆盖度较低时,由于土壤表面接受的太阳净辐射较多,表墒失水较快,而当 LAI 较大时,由于冠层对净辐射的截留,加之作物冠层内的空气相对湿度较高,表层失水速率相对较慢,因此第二阶段的递减曲线变化较平缓(见图 3-23、图 3-24)。固定隔沟灌溉的干沟土面蒸发结果表明,当表层土壤重量含水量小于 10% 时,土面蒸发强度接近于零,与 LAI 值关系不大。

根据交替隔沟灌溉的湿沟土壤蒸发值,对土壤蒸发速率递减阶段(土壤重量含水量

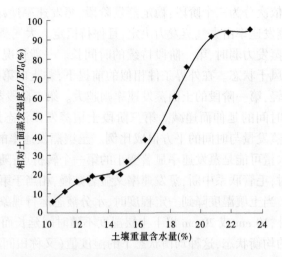

图 3-23　相对土面蒸发强度与土壤重量含水量的关系($LAI<1.0$)(2000 年)

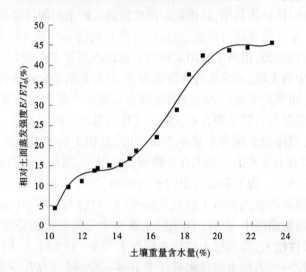

图 3-24　相对土面蒸发强度与土壤重量含水量的关系($LAI>3.0$)(2000 年)

介于 12%~20%)的相对土面蒸发强度 E/ET_0 与表层土壤重量含水量进行回归分析,二者呈指数函数关系:

当 $LAI<1.0$ 时　　　$E/ET_0 = 0.782\,2e^{0.234\,3\theta}$, $R^2 = 0.957\,6$　　　　　　(3-79)

当 $1.0 \leqslant LAI \leqslant 3.0$ 时　　　$E/ET_0 = 1.184\,4e^{0.194\,2\theta}$, $R^2 = 0.910\,8$　　　　　　(3-80)

当 $LAI>3.0$ 时　　　$E/ET_0 = 1.309\,0e^{0.178\,4\theta}$, $R^2 = 0.957\,2$　　　　　　(3-81)

式中:E/ET_0 为相对土面蒸发强度(%);θ 为表层 20 cm 土层的土壤重量含水量(占土重的百分比,%)。

三、棵间土壤蒸发强度与叶面积指数的关系

为了消除土壤水分和气象因素的影响,采用表层 20 cm 土层土壤含水量介于19.5%~21.5%的棵间土壤蒸发值,分析土面蒸发强度 E/ET_0 与夏玉米叶面积指数(LAI)

的关系[见式(3-82)],相对土面蒸发强度 E/ET_0 随着 LAI 的增大而显著减小(见图3-25)。当 $LAI<3.0$ 时,相对土面蒸发强度 E/ET_0 随 LAI 的增大而减小的较快;当 $LAI \geqslant$ 3.0时,曲线变为平缓, E/ET_0 随 LAI 增大而减小的速率变慢(见图3-25)。

$$E/ET_0 = 86.616e^{-0.2079LAI}, R^2 = 0.9303 \quad (19.5\% < \theta < 21.5\%) \quad (3-82)$$

式中: E/ET_0 为相对土面蒸发强度(%); LAI 为叶面积指数。

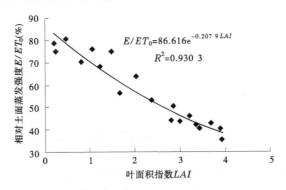

注:表层20 cm土壤重量含水量介于19.5%~21.5%

图3-25　相对土面蒸发强度与叶面积指数的关系(2000年)

棵间土壤蒸发与蒸发蒸腾为指数函数: $E_p/ET_p = \exp^{(-\delta LAI)}$,式中 δ 为冠层削光系数, E_p 和 ET_p 分别为潜在土壤蒸发量和潜在腾发量。孙景生(2000)由参考作物腾发量 ET_0 代替作物潜在腾发量 ET_p 进一步验证了二者的指数关系。因此,在无条件获取农田每日腾发量的情况下,用 ET_0 代替 ET_p 建立相对土面蒸发强度与叶面积指数的关系,也可作为削除气象因素影响的一种方法。

四、灌溉后湿沟土壤蒸发强度的变化过程

在灌后第3天湿沟土面蒸发量较大, E 与 ET_0 的差距较小,相对土面蒸发强度在72%以上,且受大气蒸发力的影响比较明显,这可以看作是蒸发的第一阶段;灌后第4天至第6天,土面蒸发强度急速下降,第7天又有所增加,此后土面蒸发强度一直维持在1.0 mm/d 以下,且随时间延长还有继续减少的趋势,可以看作是蒸发的第二阶段,在该阶段的前期土面蒸发强度虽然主要受土壤水分的限制,随表层土壤变干蒸发迅速减少,但大气蒸发力对土面蒸发的影响仍然比较明显,但在该阶段的后期,土面蒸发受大气蒸发力的影响已非常小(见图3-26)。

这一结果说明了夏玉米生育期棵间土壤蒸发的变化情况,即只要是有灌水,在灌水后2~3 d 内的土面蒸发就比较大。因此,为达到节水的目的,灌溉实施中应提倡局部湿润的大定额灌溉,尽量减少表面湿润的面积和缩短土壤表面湿润的时期。

五、不同沟灌方式下土壤蒸发占作物阶段耗水量的比例

(一)常规沟灌方式下土壤蒸发占作物阶段耗水量的比例

玉米播种—出苗阶段,阶段耗水量与棵间土壤蒸发量差异不明显,土壤蒸发量介于

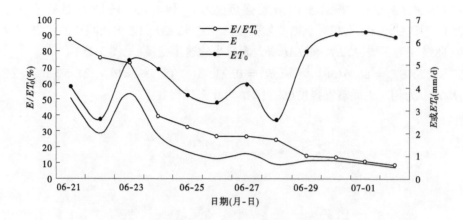

图 3-26　灌溉后湿沟土面蒸发变化过程(2000 年)

3.24~3.35 mm/d(2000 年)、3.58~4.73 mm/d(2003 年)、3.42~3.58 mm/d(2005 年),土壤蒸发量占阶段耗水量的 86% 以上。玉米出苗—拔节阶段,L-80、L-70、L-60 水分处理的土壤蒸发量占阶段耗水量比例明显减小,分别为 37.09%~49.14%、34.95%~41.81%、37.61%~44.43%,表明植株蒸腾耗水已超过土壤蒸发耗水量,由于植株蒸腾量差异较小,阶段耗水量的差异主要由土壤蒸发造成[见表 3-9(a)、(b)]。玉米拔节之后,田间耗水转向以蒸腾耗水为主,各水分处理的土壤蒸发量占阶段耗水量比例进一步减小,至抽雄灌浆阶段,降至最低,介于 15.8%~24.01%。玉米灌浆之后,叶片开始衰老、变黄,植株蒸腾能力减弱,土壤蒸发量占阶段耗水量的比例又上升到 29.72% 以上。从全生育期看,常规沟灌条件下夏玉米棵间土壤蒸发占总耗水量的 33.06%~43.97%(见表 3-9)。

表 3-9(a)　常规沟灌不同处理夏玉米各生育阶段棵间土壤蒸发量占阶段耗水量的比例(2000 年)

水分处理	生育期	播种—出苗	出苗—拔节	拔节—抽雄	抽雄—灌浆	灌浆—成熟	全生育期
	日期(月-日)	06-05~06-10	06-11~07-05	07-06~08-02	08-03~08-15	08-16~09-30	06-05~09-30
	天数(d)	6	25	28	13	46	118
L-80	E(mm)	20.12	40.33	31.64	11.98	43.07	147.14
	E(mm/d)	3.35	1.61	1.13	0.92	0.94	—
	T(mm)	1.84	41.74	92.48	59.06	86.05	281.17
	T(mm/d)	0.31	1.67	3.30	4.54	1.87	—
	ET(mm)	21.96	82.07	124.12	71.04	129.12	428.31
	ET(mm/d)	3.66	3.28	4.43	5.46	2.81	—
	E/ET(%)	91.62	49.14	25.49	16.86	33.36	34.35

续表 3-9(a)

水分处理	生育期	播种—出苗	出苗—拔节	拔节—抽雄	抽雄—灌浆	灌浆—成熟	全生育期
	日期（月-日）	06-05~06-10	06-11~07-05	07-06~08-02	08-03~08-15	08-16~09-30	06-05~09-30
	天数(d)	6	25	28	13	46	118
L-70	E(mm)	19.64	29.93	32.57	12.29	42.93	137.36
	E(mm/d)	3.27	1.20	1.16	0.95	0.93	—
	T(mm)	1.78	41.66	88.33	56.55	89.83	278.15
	T(mm/d)	0.30	1.67	3.15	4.35	1.95	—
	ET(mm)	21.42	71.59	120.90	68.84	132.75	415.50
	ET(mm/d)	3.57	2.86	4.32	5.30	2.89	—
	E/ET(%)	91.68	41.81	26.94	17.85	32.34	33.06
L-60	E(mm)	19.42	24.38	22.94	8.74	40.96	116.44
	E(mm/d)	3.24	0.98	0.82	0.67	0.89	—
	T(mm)	1.76	40.45	71.91	48.08	65.96	228.16
	T(mm/d)	0.29	1.62	2.57	3.70	1.43	—
	ET(mm)	21.18	64.83	94.85	56.82	106.92	344.60
	ET(mm/d)	3.53	2.59	3.39	4.37	2.32	—
	E/ET(%)	91.69	37.61	24.19	15.38	38.31	33.79

表 3-9(b)　常规沟灌不同处理夏玉米各生育阶段棵间土壤蒸发量占阶段耗水量的比例(2003 年)

水分处理	生育阶段	播种—出苗	出苗—拔节	拔节—抽雄	抽雄—灌浆	灌浆—成熟	全生育期
	日期（月-日）	06-10~06-18	06-19~07-18	07-19~08-08	08-09~08-23	08-24~09-21	06-10~09-21
	天数(d)	9	30	21	15	29	104
L-60	E(mm)	32.23	38.66	17.72	8.39	13.42	110.42
	E(mm/d)	3.58	1.29	0.84	0.56	0.46	1.06
	ET(mm)	35.95	87.02	97.68	44.82	45.15	310.62
	ET(mm/d)	3.99	2.90	4.65	2.99	1.56	2.99
	E/ET(%)	89.65	44.43	18.14	18.72	29.72	35.55
L-70	E(mm)	32.89	36.40	21.93	10.38	19.12	120.72
	E(mm/d)	3.65	1.21	1.04	0.69	0.66	1.16
	ET(mm)	36.53	104.16	93.80	54.03	46.98	335.50
	ET(mm/d)	4.06	3.47	4.47	3.60	1.62	3.22
	E/ET(%)	90.04	34.95	23.38	19.21	40.70	35.99

续表 3-9(b)

水分处理	生育阶段	播种—出苗	出苗—拔节	拔节—抽雄	抽雄—灌浆	灌浆—成熟	全生育期
	日期(月-日)	06-10~06-18	06-19~07-18	07-19~08-08	08-09~08-23	08-24~09-21	06-10~09-21
	天数(d)	9	30	21	15	29	104
L-80	E(mm)	42.64	54.80	23.95	13.41	22.48	157.28
	E(mm/d)	4.73	1.80	1.14	0.89	0.78	1.51
	ET(mm)	47.17	147.77	107.15	71.44	57.75	431.28
	ET(mm/d)	5.24	4.93	5.10	4.76	1.99	4.15
	E/ET(%)	90.40	37.09	22.35	18.78	38.93	36.45

表 3-9(c)　常规沟灌不同处理夏玉米各生育阶段棵间土壤蒸发量占阶段耗水量的比例(2005 年)

生育阶段	播种—出苗	出苗—拔节	拔节—抽雄	抽雄—灌浆	灌浆—成熟	全生育期
日期(月-日)	05-18~05-27	05-28~06-29	06-30~07-28	07-29~08-27	08-28~09-28	05-18~09-28
天数(d)	10	33	29	30	32	134
E(mm)	40.4	53.5	33.7	28	38.1	194.4
E(mm/d)	4	1.6	1.2	0.9	1.2	1.5
T(mm)	6.6	44	65.3	88.7	43.2	247.7
T(mm/d)	0.66	1.33	2.25	2.96	1.35	1.85
ET(mm)	47	97.5	99	116.6	82	442.1
ET(mm/d)	4.7	2.95	3.41	3.89	2.56	3.3
E/ET(%)	85.96	54.87	34.04	24.01	46.46	43.97

(二)固定隔沟灌溉方式下土壤蒸发量占作物阶段耗水量的比例

固定隔沟灌溉下夏玉米各生育阶段的土壤蒸发量比常规沟灌有明显的降低,土壤蒸发量占阶段耗水量的比例也有不同程度的下降,全生育期棵间土壤蒸发耗水量占总耗水量的比例在27%左右。与常规沟灌 L-70 水分处理相比,固定隔沟灌溉 L-80、L-70 和 L-60 水分处理的土壤蒸发总量分别减少了 36.22%、45.76%和 52.96%,植株蒸腾分别减少了 16.30%、27.66%和 36.59%(见表 3-10)。

表 3-10　固定隔沟灌溉夏玉米各生育阶段棵间土壤蒸发量占阶段耗水量的比例（2000 年）

水分处理	生育期	播种—出苗	出苗—拔节	拔节—抽雄	抽雄—灌浆	灌浆—成熟	全生育期
	日期（月-日）	06-05～06-10	06-11～07-05	07-06～08-02	08-03～08-15	08-16～09-30	06-05～09-30
	天数（d）	6	25	28	13	46	118
L-80	E(mm)	12.05	23.34	19.36	8.42	24.43	87.60
	E(mm/d)	2.01	0.93	0.69	0.65	0.53	—
	T(mm)	1.80	29.42	72.56	46.54	82.50	232.82
	T(mm/d)	0.30	1.18	2.59	3.58	1.79	—
	ET(mm)	13.85	52.76	91.92	54.96	106.93	320.42
	ET(mm/d)	2.31	2.11	3.28	4.23	2.32	—
	E/ET(%)	87.00	44.24	21.06	15.32	22.85	27.34
L-70	E(mm)	12.05	18.90	17.55	5.85	20.16	74.51
	E(mm/d)	2.01	0.76	0.63	0.45	0.44	—
	T(mm)	1.74	28.52	62.98	39.92	68.06	201.21
	T(mm/d)	0.29	1.14	2.25	3.07	1.48	—
	ET(mm)	13.79	47.42	80.53	45.77	88.22	275.72
	ET(mm/d)	2.30	1.90	2.88	3.52	1.92	—
	E/ET(%)	87.41	39.86	21.79	12.78	22.85	27.02
L-60	E(mm)	12.05	13.12	15.36	5.66	18.43	64.62
	E(mm/d)	2.01	0.52	0.55	0.44	0.40	—
	T(mm)	1.56	27.26	54.53	32.11	60.92	176.38
	T(mm/d)	0.26	1.09	1.95	2.47	1.32	—
	ET(mm)	13.61	40.38	69.89	37.77	79.35	241.00
	ET(mm/d)	2.27	1.62	2.50	2.91	1.73	—
	E/ET(%)	88.54	32.49	21.98	14.99	23.23	26.81

（三）交替隔沟灌溉方式下棵间土壤蒸发量占作物阶段耗水量的比例

交替隔沟灌溉下夏玉米各生育阶段土壤蒸发量占阶段耗水量的比例以播种—出苗期最高，之后随玉米冠层的逐渐郁蔽而降低，抽雄—灌浆期达到最低，灌浆后又明显变大（见表 3-11）。从全生育期来看，交替隔沟灌溉的棵间土壤蒸发耗水量占总耗水量的28.51%～46.15%，比固定隔沟灌溉高，总耗水量比常规沟灌低 14.0%～32.9%。与常规沟灌相比，交替隔沟灌溉 L-80、L-70 和 L-60 水分处理的土壤蒸发总量分别减少 23.7～45.68 mm、3.72～48.93 mm 和 4.1～38.5 mm，交替隔沟灌溉 2/3M 和 1/2M 处理分别减少46.6 mm 和 69.2 mm；交替隔沟灌溉 L-80、L-70 和 L-60 的植株蒸腾分别减少 40.03～

118.12 mm、56.45~66.91 mm 和 37.28~61.46 mm,交替隔沟灌溉 2/3M 和 1/2M 处理分别减少 15.9 mm 和 55.1 mm(见表 3-11)。与相同灌水量和灌水控制下限的固定隔沟灌溉相比,交替隔沟灌溉棵间土壤蒸发耗水虽有所增大,但植株蒸腾也有了比较明显的增加,表明交替隔沟灌溉比固定隔沟灌溉更有利于促进作物的生长发育和根系对水分的吸收,交替隔沟灌溉促进了土壤储水向作物根系吸水的转化,提高了土壤储水的利用效率。

表 3-11(a)　交替隔沟灌溉夏玉米各生育阶段棵间土壤蒸发量占阶段耗水量的比例(2000 年)

水分处理	生育期	播种—出苗	出苗—拔节	拔节—抽雄	抽雄—灌浆	灌浆—成熟	全生育期
	日期(月-日)	06-05~06-10	06-11~07-05	07-06~08-02	08-03~08-15	08-16~09-30	06-05~09-30
	天数(d)	6	25	28	13	46	118
L-80	E(mm)	12.10	24.86	24.08	9.06	31.36	101.46
	E(mm/d)	2.02	0.99	0.86	0.70	0.68	—
	T(mm)	1.72	36.73	72.80	52.31	77.58	241.14
	T(mm/d)	0.29	1.47	2.60	4.02	1.69	—
	ET(mm)	13.82	61.59	96.88	61.37	108.94	342.60
	ET(mm/d)	2.30	2.46	3.46	4.72	2.37	—
	E/ET(%)	87.55	40.36	24.86	14.76	28.79	29.61
L-70	E(mm)	12.05	19.04	19.69	7.87	29.18	88.43
	E(mm/d)	2.01	0.76	0.70	0.61	0.63	—
	T(mm)	1.74	35.38	71.15	46.79	66.64	221.70
	T(mm/d)	0.29	1.42	2.54	3.60	1.45	—
	ET(mm)	13.79	54.42	90.84	55.26	95.82	310.13
	ET(mm/d)	2.30	2.18	3.24	4.25	2.08	—
	E/ET(%)	87.36	34.99	21.68	14.24	30.45	28.51
L-60	E(mm)	11.96	16.58	18.63	6.26	24.51	77.94
	E(mm/d)	1.99	0.66	0.67	0.48	0.53	—
	T(mm)	1.58	29.20	58.67	37.22	64.21	190.88
	T(mm/d)	0.26	1.17	2.10	2.86	1.40	—
	ET(mm)	13.54	45.78	77.30	43.48	88.72	268.82
	ET(mm/d)	2.26	1.83	2.76	3.34	1.93	—
	E/ET(%)	88.33	36.22	24.10	14.40	27.63	28.99

表 3-11(b)　交替隔沟灌溉夏玉米各生育阶段棵间土壤蒸发量占阶段耗水量的比例(2003 年)

水分处理	生育阶段	播种—出苗	出苗—拔节	拔节—抽雄	抽雄—灌浆	灌浆—成熟	全生育期
	日期(月-日)	06-10~06-18	06-19~07-18	07-19~08-08	08-09~08-23	08-24~09-21	06-10~09-21
	天数(d)	9	30	21	15	29	104
L-60	E(mm)	27.64	34.54	19.09	8.90	16.15	106.32
	E(mm/d)	3.07	1.15	0.91	0.59	0.56	1.02
	ET(mm)	31.41	83.10	65.98	32.45	32.12	245.06
	ET(mm/d)	3.49	2.77	3.14	2.16	1.11	2.36
	E/ET(%)	88.00	41.56	28.93	27.42	50.28	43.28
L-70	E(mm)	28.15	39.44	23.19	9.77	16.45	117.00
	E(mm/d)	3.13	1.31	1.10	0.65	0.57	1.13
	ET(mm)	31.99	98.88	70.92	30.45	32.63	264.87
	ET(mm/d)	3.55	3.29	3.37	2.03	1.13	2.55
	E/ET(%)	88.00	37.89	32.69	32.09	50.41	44.17
L-80	E(mm)	28.70	44.48	27.18	12.34	20.88	133.58
	E(mm/d)	3.19	1.48	1.29	0.82	0.72	1.28
	ET(mm)	32.51	121.38	63.45	32.88	39.24	289.46
	ET(mm/d)	3.61	4.05	3.02	2.19	1.35	2.78
	E/ET(%)	88.28	36.65	42.84	37.53	53.21	46.15

表 3-11(c)　交替隔沟灌溉夏玉米各生育阶段棵间土壤蒸发量占阶段耗水量的比例(2005 年)

灌水定额	生育阶段	播种—出苗	出苗—拔节	拔节—抽雄	抽雄—灌浆	灌浆—成熟	全生育期
	日期(月-日)	05-18~05-27	05-28~06-29	06-30~07-28	07-29~08-27	08-28~09-28	05-18~09-28
	天数(d)	10	33	29	30	32	134
2/3M	E(mm)	34.7	39.1	25.2	22.5	26.3	147.8
	E(mm/d)	3.5	1.2	0.9	0.8	0.8	1.1
	T(mm)	6.3	32.9	51.8	92.1	48.7	231.8
	T(mm/d)	0.63	1.00	1.79	3.07	1.52	1.73
	ET(mm)	41	72.00	77.00	114.60	75.00	379.60
	ET(mm/d)	4.1	2.18	2.66	3.82	2.34	2.83
	E/ET(%)	84.63	54.31	32.73	19.63	35.07	38.94

续表 3-11(c)

灌水定额	生育阶段	播种—出苗	出苗—拔节	拔节—抽雄	抽雄—灌浆	灌浆—成熟	全生育期
	日期(月-日)	05-18~05-27	05-28~06-29	06-30~07-28	07-29~08-27	08-28~09-28	05-18~09-28
	天数(d)	10	33	29	30	32	134
1/2M	E(mm)	32.8	28.3	24.1	18.6	21.3	125.2
	E(mm/d)	3.3	0.9	0.8	0.6	0.7	0.9
	T(mm)	5.2	37.9	47.9	82	19.7	192.6
	T(mm/d)	0.52	1.15	1.65	2.73	0.62	1.44
	ET(mm)	38.0	66.2	72.0	100.6	41.0	317.8
	ET(mm/d)	3.8	2.01	2.48	3.35	1.28	2.37
	E/ET(%)	86.32	42.75	33.47	18.49	51.95	39.40

第三节　交替隔沟灌溉条件下作物蒸腾失水

作物蒸腾主要受制于生物学因素的影响,直接用于植株型态建立、产量形成或生物学过程,与作物的生物学产量、经济产量形成有直接联系,是作物正常生长发育必不可少的水分消耗。然而,蒸腾也有一个适量的概念,并非越大越好,蒸腾量小,能量消耗也小,节省的能量可用于其他的生理功能,所以过量蒸腾亦是无益的。减少棵间土壤蒸发的无效耗水、避免作物叶片的奢侈蒸腾是农田节水调控的主要目的。植物通过叶片上张开的气孔吸收空气中的 CO_2 进行光合作用制造有机物质,是形成其干物质和最终产量的主要来源。因此,维持作物叶片在其生育期内具有较高的光合速率,是保证玉米正常生长和获得较高产量的关键所在。水是影响作物光合作用的重要因素,当土壤含水量降低时,玉米叶片上的气孔开度减小,光合作用减弱,蒸腾失水速率明显降低,叶片水平上的水分利用效率提高。由于蒸腾对水分胁迫的变化比光合作用更敏感,因此提出了气孔的最优调节理论,认为适度地调控水分的供应,可以借助作物自身的感知干旱和信号传递系统,调节叶片气孔开度,在不影响对空气中 CO_2 吸收的同时,能明显地减少作物的奢侈蒸腾损失,以防止严重失水干燥,控制性交替灌水技术可以达到对叶片气孔的优化调节。

以常规沟灌(L-70,70%田间持水量为灌水下限)为对照,对比研究交替隔沟灌溉条件下三个水分处理(L-60,灌水下限为60%田间持水量;L-70,灌水下限为70%田间持水量;L-80,灌水下限为80%田间持水量)的玉米叶片光合速率、蒸腾速率、气孔导度日变化。选取倒数第4片或第5片处于光照之下的叶片为测定叶,测定位置选在叶片基部以上约2/3处。结果发现,尽管玉米各生育阶段各水分处理的叶片光合速率、蒸腾速率及气孔导度有所差异,即在生育阶段间存在一定的变化,但不是很明显,不同水分处理间的变化却很明显。为了便于说明问题,从1998年8月19日夏玉米灌浆期的数据可以看出,该日的太阳辐射变化过程比较规律,基本上围绕最高值对称分布,并且气温和相对湿度的变化也较规律,显示该日是一个较为理想的晴朗之日,测定的光合速率、蒸腾速率的日变化过程具有较好的代表性(见图 3-27)。

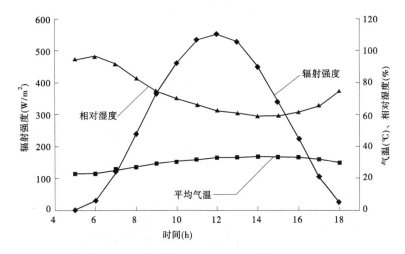

图 3-27　玉米蒸腾观测日气象因子的日变化(2000 年)

一、夏玉米叶片光合作用

交替隔沟灌溉下不同水分处理的叶片光合速率,从 8 时到 10 时迅速增加,10 时之后增加幅度变缓,至 12 时达到一天中的最高值,而后开始缓慢下降,14 时以后下降速度明显加快。以常规沟灌为对照,交替隔沟灌溉 L-60 水分处理,其叶片光合速率在大部分时间都明显低于对照,而 L-70、L-80 水分处理的光合速率与对照相比则没有太大的差异(见表 3-12、图 3-28)。说明只要水分控制下限设计合理,交替隔沟灌溉对玉米叶片光合速率影响不大,而其地上干物重减少,与总的光合同化面积减小有关。

表 3-12　交替隔沟灌溉不同水分处理夏玉米叶片光合速率(2000 年)

时间(时)	光合速率[$\mu molCO_2/(m^2 \cdot s)$]			
	L-60	L-70	L-80	对照
8	13.63	13.08	13.18	13.29
10	22.05	22.49	23.26	24.50
12	23.49	26.12	26.16	26.13
14	19.07	23.58	22.91	22.31
16	11.64	12.68	14.04	14.40
17	9.87	10.52	10.97	10.17

对不同处理夏玉米叶片光合速率 $P[\mu molCO_2/(m^2 \cdot s)]$ 与光照强度 $Q[\mu mol/(m^2 \cdot s)]$、空气温度 $T_a(℃)$ 和空气相对湿度 $RH_{mean}(\%)$ 之间的关系进行多元回归分析:

$$P = a_0 + a_1 Q + a_2 T_a + a_3 RH_{mean} \tag{3-83}$$

式(3-83)的多元回归参数见表 3-13。

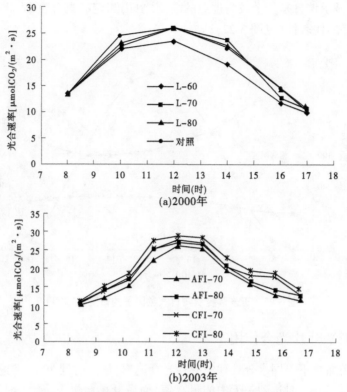

图 3-28　交替隔沟灌溉玉米叶片光合速率的日变化

表 3-13　式(3-83)的多元回归参数

试验处理		a_0	a_1	a_2	a_3	R^2	F
灌水方式	水分控制下限						
交替隔沟灌溉	L-60	110.389 6	0.023 4	-2.171 8	-0.738 2	0.980 3	33.233 9
	L-70	95.922 7	0.024 2	-1.736 4	-0.734 3	0.992 4	87.386 4
	L-80	80.872 4	0.022 1	-1.439 8	-0.606 8	0.992 6	88.934 6
常规沟灌	L-70	67.696 4	0.022 0	-1.351 8	-0.427 8	0.972 2	23.287 3

二、夏玉米叶片蒸腾速率

由表 3-14 可见,8~12 时的蒸腾速率迅速增加,之后在较高水平上维持一段时间,14 时之后迅速下降。不同处理的蒸腾速率表现出较为明显的差异,特别是在蒸腾速率较高的时段(见图 3-29)。总的来说,交替隔沟灌溉夏玉米叶片的蒸腾速率随着灌水控制下限的降低而明显下降。与光合速率的日变化过程相比较,交替隔沟灌溉 L-70 水分处理的光合速率与对照非常接近,而蒸腾速率则有了比较明显的下降,表现出了较好的节水效果。

表 3-14　交替隔沟灌溉不同水分处理与常规沟灌的夏玉米叶片蒸腾速率(2000 年)

| 时间(时) | 蒸腾速率[mol/(m² · s)] | | | |
| | 交替隔沟灌溉 | | | 常规沟灌 |
	L-60	L-70	L-80	
8	0.004 27	0.005 60	0.005 43	0.006 03
10	0.008 40	0.009 37	0.010 53	0.010 60
12	0.014 73	0.016 23	0.017 93	0.018 65
14	0.016 17	0.016 57	0.018 37	0.018 91
16	0.012 03	0.012 23	0.013 90	0.013 09
17	0.006 67	0.007 33	0.007 10	0.007 36

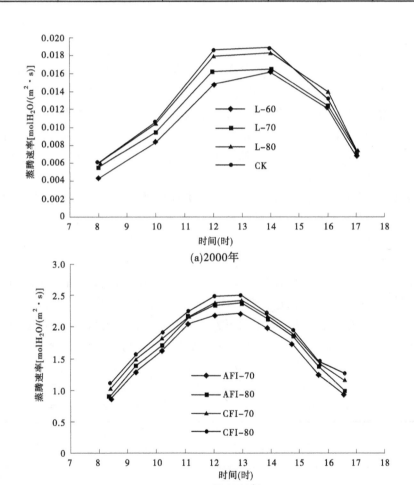

(a)2000年

(b)2003年

图 3-29　不同水分处理间蒸腾速率的日变化

对不同处理夏玉米叶片蒸腾速率 T_r[molH$_2$O/(m² · s)]与光照强度 Q[μmol/(m² · s)]、空气温度 T_a(℃)和空气相对湿度 RH_{mean}(%)之间的关系进行多元回归分析:

$$T_r = a_0 + a_1 Q + a_2 T_a + a_3 RH_{mean} \tag{3-84}$$

式(3-84)的多元回归参数见表 3-15。

表 3-15　式(3-84)的多元回归参数

试验处理		a_0	a_1	a_2	a_3	R^2	F
灌水方式	水分控制下限						
交替隔沟灌溉	L-60	-0.104 60	-2.80×10^{-6}	0.002 29	0.000 69	0.933 70	9.388 34
	L-70	-0.083 17	-3.4×10^{-7}	0.001 85	0.000 55	0.924 94	8.214 55
	L-80	-0.119 70	-1.6×10^{-6}	0.002 48	0.000 85	0.955 24	14.228 64
常规沟灌	L-70	-0.091 93	1.31×10^{-6}	0.001 97	0.000 62	0.927 01	8.467 49

三、夏玉米叶片光合水分利用效率

叶片水分利用效率表示为单位水分消耗所同化的 CO_2 数量,是叶片光合速率与蒸腾速率的比值,因而受光合速率和蒸腾速率二者变化的共同影响(见表 3-16 和图 3-30)。水分利用效率以清晨最高,之后不断降低,直到傍晚才略有回升。与常规沟灌相比,交替隔沟灌溉的三个水分处理都表现出叶片水分利用效率有一定程度提高的趋势,但提高幅度则有明显不同。结合光合速率和蒸腾速率的变化过程分析,由于清晨和傍晚 L-60 水分处理的光合速率与其他处理差异不明显,而蒸腾速率却有明显的降低,导致 L-60 水分处理的水分利用效率在清晨和傍晚时段最高。其他时段的水分利用效率较高的处理为 L-70。事实上,其他时段 L-60 水分处理的蒸腾速率也有明显的降低,且幅度比 L-70 水分处理的还大,但由于光合速率也有大幅度下降,从而使得水分利用效率没有明显提高。L-80 水分处理的水分利用效率则在所有时段都与对照无明显差异。与常规沟灌相比,交替隔沟灌溉使叶片光合、蒸腾过程都产生了一些变化。交替隔沟灌溉的灌水控制下限低会使叶片蒸腾速率明显下降,这主要是通过使气孔导度下降实现的。但气孔导度的这种降低在一定范围内对光合速率的影响不大。因此,交替隔沟灌溉在灌水下限控制适宜时,可以使叶片的水分利用效率有明显提高。从叶片水分利用效率看,交替隔沟灌溉的土壤含水量下限以控制在田间持水量的 70% 左右效果最好,可以在光合产物积累量没有明显降低的基础上,减少蒸腾耗水量 9.8%,使叶片水分利用效率提高 8.8%。

表 3-16　不同处理对夏玉米叶片光合水分利用效率的影响(2000 年)

时间(h)	气孔导度[mol/(m² · s)]			
	L-60	L-70	L-80	常规沟灌
8	3.192 0	2.335 7	2.427 3	2.204 0
10	2.625 0	2.400 2	2.208 9	2.311 3
12	1.594 7	1.609 4	1.459 0	1.401 1
14	1.179 3	1.423 1	1.247 1	1.179 8
16	0.967 6	1.036 8	1.010 1	1.100 1
17	1.479 8	1.435 2	1.545 1	1.381 8

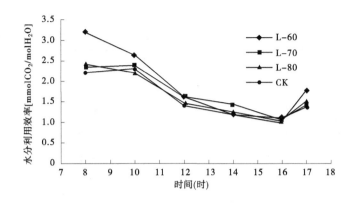

图 3-30　交替隔沟灌溉对夏玉米叶片光合水分利用效率的影响(2000 年)

不同处理夏玉米叶片光合水分利用效率 $LWUE$ 与光照强度 $Q[\mu mol/(m^2 \cdot s)]$、空气温度 $T_a(℃)$ 和空气相对湿度 $RH_{mean}(\%)$ 之间的多元回归结果:

$$LWUE = a_0 + a_1 Q + a_2 T_a + a_3 RH_{mean}　　　　　(3-85)$$

多元回归分析参数见表 3-12。

表 3-17　多元回归分析参数

试验处理		a_0	a_1	a_2	a_3	R^2	F
灌溉方式	水分控制下限						
交替隔沟灌溉	L-60	0.002 26	19. 256 52	−0. 522 17	−0. 030 15	0. 951 13	12. 976 01
	L-70	0.002 03	17. 732 75	−0. 397 68	−0. 076 71	0. 876 52	4. 732 45
	L-80	0.001 78	18. 535 79	−0. 406 94	−0. 081 91	0. 930 25	8. 891 14
常规沟灌	L-70	0.001 57	14. 585 61	−0. 336 80	−0. 052 09	0. 789 31	2. 497 61

四、夏玉米水分利用效率的量化表达

为了定量表达不同灌水控制下限对叶片光合产量、蒸腾耗水量及水分利用效率的影响,假定用 LI-6200 光合作用系统在整点测定的瞬时值能够代表叶片测定部位在前后一段时间内的平均状况,即每隔 2 h 于整点测定的数据可以作为前后各 1 h(共 2 h)的平均值使用,据此对测定的日变化数据进行累积,得到 8~18 时单位叶面积光合产物的累积量、蒸腾失水总量和水分利用效率(见表 3-18)。可以看出,交替隔沟灌溉 L-70 水分处理的水分利用效率最高,比常规沟灌提高了 8.8%,光合速率的小幅降低(2.1%),而蒸腾速率较大幅度下降(9.8%),导致交替隔沟灌溉的水分利用效率提高;实际上,L-60 处理的蒸腾速率下降幅度最大,比常规沟灌降低了 16.6%,但相应的光合速率也降低了 10.0%,所以水分利用效率只提高了 8.1%;交替隔沟灌溉 L-80 的水分处理,其光合速率和蒸腾速率比对照分别降低了 0.3% 和 1.8%,因此水分利用效率提高的幅度较小,只有 2.0%

（见表 3-18）。

表 3-18　不同处理 8~18 时的光合产量、蒸腾量的累计值及水分利用效率（2000 年）

处理	统计项	光合产物量 （mmolCO$_2$/m^2）	蒸腾量 （molH$_2$O/m^2）	水分利用效率 （mmolCO$_2$/molH$_2$O）
常规沟灌（对照）	累计值	797.8	537.4	1.48
L-60	累计值	718.2	448.3	1.60
	占对照百分数	90.0	83.4	108.1
L-70	累计值	781.0	484.8	1.61
	占对照百分数	97.9	90.2	108.8
L-80	累计值	795.7	527.5	1.51
	占对照百分数	99.7	98.2	102.0

五、玉米叶片气孔传导变化

气孔是植物与外界环境进行 CO_2 和水汽交换的唯一通道，直接控制着作物蒸腾速率，植物气孔阻力大小因叶片部位、叶龄和叶片在冠层中的位置而异。下面分析叶片气孔阻力的垂直分布规律，以便进一步了解作物群体的水分利用效率。

（一）叶片不同部位的气孔阻力差异

由于叶片气孔密度的差异，在叶片不同部位处气孔阻力不同。通过对玉米叶片气孔阻力的实测数据分析，玉米叶片基部气孔阻力最大，由叶基到叶尖，叶片气孔阻力逐渐减小，但交替隔沟灌溉与常规沟灌下叶片气孔阻力的减小趋势不同，交替隔沟灌溉方式从叶基到叶中的气孔阻力减小速度高于叶中到叶尖，而常规沟灌方式从叶基到叶中的气孔阻力减小速度则低于叶中至叶尖（见表 3-19）。这些结果表明，从叶基到叶尖的叶面水汽传导率逐渐增大。

表 3-19　叶片不同部位处气孔阻力差异（2009~2010 年）　　　（单位：s/cm）

处理	叶基	叶中部	叶尖部
常规沟灌	2.41~2.66	1.60~1.87	1.31~1.47
交替隔沟灌溉	2.51~2.89	2.32~2.58	1.36~1.55

（二）冠层不同层次叶片的气孔阻力差异

作物群体内不同层次的叶片气孔阻力变化受生理和生态因素的影响。生理因素主要指叶龄的影响，生态因素主要有太阳辐射、水汽压差、空气温度等。随着叶片的发育，其气孔特性发生相应变化。对于作物群体来说，各叶片的差异使得不同层次叶片气孔特性存在差异。对于每层叶片来说，叶片气孔阻力随叶龄变化而变化。冬小麦叶片气孔阻力分层研究表明，冠层底部叶片气孔阻力随叶龄增加而增大；冠层上部叶片在较长时段内的气孔阻力变化较小，即成熟的叶片气孔阻力受叶龄的影响更大。分层研究玉米气孔阻力，将玉米顶部的 3 片叶定为上层,植株底部的 3 片叶定为下层,将从顶部向下的第 4、5、6 片叶定为中层,对 2009 年多次晴天的玉米气孔阻力数据分析,发现上层叶片的气孔阻力在日变化和逐日变化中都是最大,由于冠层对光照强度的削弱作用,气孔阻力在冠层内部的分布受到衰减,而这种衰减程度又受到冠层覆盖度的影响,随着叶面积指数的增大,冠层的消光作用加强,气孔阻力的垂直梯度随叶面积指数的增大而增大,因而中下部的冠层气孔阻力增大(见图 3-31)。从不同时间段的气孔阻力变化看,各层次的变化趋势比较一致,上层叶片在生育周期内的变化幅度相对小,这种差别可能由叶龄引起。光照和叶龄的差异,使冠层叶片气孔阻力产生差异,从顶 1 叶到顶 11 叶,气孔阻力呈波动式增大(见图 3-32)。经回归分析,在玉米不同生长阶段,气孔阻力随叶序从冠层顶部到底部呈指数增大($R^2 = 0.685 \sim 0.792$)。从不同叶序上的叶片气孔阻力日变化来看,越靠近顶部叶片的气孔阻力日变化相对较小,越靠近底部的叶片气孔阻力日间差异越大。

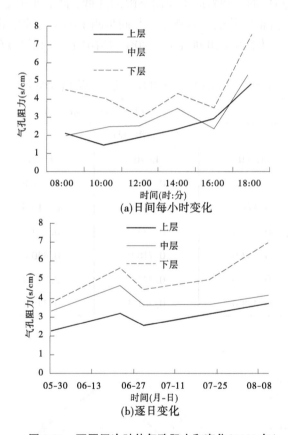

图 3-31　不同层次叶片气孔阻力和变化(2009 年)

(三)沟灌方式对玉米叶片气孔导度的影响

依据不同处理夏玉米叶片气孔导度的观测结果(见表 3-20)绘制气孔导度的日变化(见图 3-33)。可以看出,气孔导度与蒸腾速率的日变化过程非常相似,也呈现快速提高—稳定—快速下降的过程。与对照相比,交替隔沟灌溉各水分处理的气孔导度都呈现一定程度的降低,降低幅度随灌水控制下限的降低而加大,与蒸腾速率的变化趋势基本一

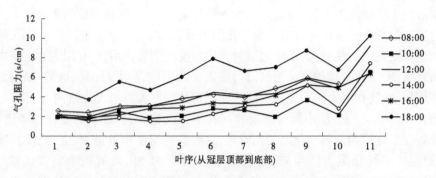

图 3-32　玉米叶片气孔阻力在垂直方向上的日变化(2009 年)

致。从气孔导度与蒸腾速率的变化趋势来看,交替隔沟灌溉玉米叶片蒸腾速率的降低是通过气孔传导降低来实现的。随着灌水控制下限的降低,水分通过气孔向大气传输的阻力不断增大,从而明显降低叶片的蒸腾速率。与同步测定的光合速率的日变化相比,交替隔沟灌溉在灌水控制下限不低于田间持水量 70% 的情况下,气孔导度的下降对光合作用的影响大于蒸腾速率。

表 3-20　不同处理夏玉米叶片气孔导度变化(2000 年)

| 时间(h) | 气孔导度[mol/(m² · s)] | | | |
| | 交替隔沟灌溉 | | | 常规沟灌 |
	L-60	L-70	L-80	L-70
8	0.272 6	0.396 5	0.387 8	0.447 2
10	0.371 4	0.459 0	0.616 5	0.574 0
12	0.637 5	0.774 7	0.894 9	0.913 7
14	0.682 0	0.718 9	0.830 8	0.862 1
16	0.501 6	0.572 3	0.572 4	0.608 0
17	0.358 6	0.361 3	0.345 1	0.350 6

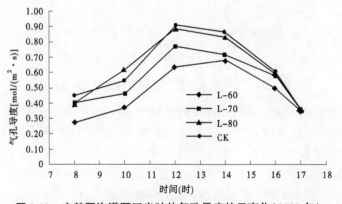

图 3-33　交替隔沟灌溉玉米叶片气孔导度的日变化(2000 年)

不同处理夏玉米叶片气孔导度 $C_s[\mathrm{mol}/(\mathrm{m}^2 \cdot \mathrm{s})]$ 与光照强度 $Q[\mu\mathrm{mol}/(\mathrm{m}^2 \cdot \mathrm{s})]$、空气温度 T_a（℃）和空气相对湿度 RH_{mean}（%）之间的多元回归分析关系式：

$$C_s = a_0 + a_1 Q + a_2 T_a + a_3 RH_{\mathrm{mean}} \tag{3-86}$$

式（3-86）的多元回归参数见表 3-21。

表 3-21　式（3-86）的多元回归参数

处理		a_0	a_1	a_2	a_3	R^2	F
交替隔沟灌溉	L-60	-2.722 30	-3.90×10^{-5}	0.066 79	0.016 47	0.860 00	4.095 32
	L-70	-3.546 76	1.01×10^{-5}	0.067 17	0.031 18	0.864 23	4.243 63
	L-80	-2.099 52	0.000 307	0.040 50	0.017 84	0.973 28	24.282 55
常规沟灌		-3.757 42	0.000 17	0.063 71	0.035 59	0.920 20	7.687 66

气孔调节是植物叶片对水分利用达到节水和生理抗旱的关键，交替隔沟灌溉能够较好地调节气孔活动已被充分认识到，在长期的控制灌溉中，气孔开度和气孔密度作为重要的气孔响应特性，在多变环境下气孔阻力短暂（分钟或小时）的变化主要由气孔开度引起，具有动态性；而植物长期接触多变环境（一周甚至几个月），将会同时改变气孔开度和气孔密度，气孔密度对环境的响应处于静态。据研究，土豆叶片气孔开度与气孔阻力呈负相关关系，气孔密度与根区平均土壤含水量呈负相关关系；据番茄气孔特性研究，其叶片气孔密度和气孔闭合数随水分亏缺程度的增加而增大。因此，在不同沟灌方式和供水状况下气孔阻力的部位和垂直差异同时受到气孔密度与气孔开度的调节。非充分灌溉和分根区交替灌溉环境下气孔特性研究表明，气孔密度变化对非充分灌溉的敏感性更强，受灌水方式的影响不大；而气孔开度则对分根区交替灌溉方式十分敏感，分根区交替灌溉更能够通过气孔形态调控植物水分利用。在长期的交替隔沟灌溉环境下，气孔活动同时具备静态和动态变化特征，气孔的调节使其对水汽的传导能力得到优化。对于叶片不同部位处气孔分布特性，叶片尖部是植株茎叶吸水的末端，交替隔沟灌溉下，越靠近叶片尖部的蒸腾拉力越大，保护植株内有限水分是叶片气孔的自主生理响应，必然引起气孔开度的减小，在内、外环境共同作用下，叶片中部至尖部的气孔阻力递减梯度增大；而常规沟灌，较高的根区土壤水分含量引起叶片气孔密度减小，气孔充分开启，叶片不同部位及不同叶序的气孔阻力梯度较小。从其他环境因素角度分析气孔阻力的变化规律。越靠近冠层顶部，叶片蒸腾拉力越大，冠层能量驱动力梯度也大，叶片气孔阻力较小；而冠层底部的叶片受到上层叶片的遮盖，叶片的蒸腾环境弱于上部，气孔阻力也比较大。光强和 CO_2 浓度等环境因素对植物气孔的发育也造成影响，光照的增强可导致气孔指数的增大，而这一过程由成熟叶片的生长环境所决定，未发育完全新叶的气孔指数取决于成熟叶片感受到的光照强度，将烟草的成熟叶片避光后，生长在强光光照下的未发育完全新叶的气孔指数降低，与此相反，将未发育完全新叶避光，生长在强光照下的成熟叶片气孔指数明显增大。随着水分亏缺程度的增加，番茄叶片的关闭气孔数增大。这些结论说明玉米与其他作物具有同样的特性，越靠近冠层顶部，光照越强、叶龄较新，气孔阻力较小；对水分亏缺敏感的反面气孔关闭数量增大，促进了叶片正面及上层叶片的水汽传导贡献。气孔是 CO_2 和

水汽传输的重要通道,主要控制植物的 2 个生理过程:控制光合作用中吸收 CO_2 分子的平衡和蒸腾作用中水分子的散失,群体上层叶片和正面叶片较小的气孔阻力必然提高植物单位面积叶片的水汽传导能力,使其对 CO_2 和水汽的贡献率更高。因此,气孔调节在植物生理节水研究中具有复杂的机制作用,对植物生物节水研究具有重要意义。

参考文献

[1] 白晓君,段爱旺,刘志广,等译. 美国国家灌溉工程手册[M]. 北京:中国水利水电出版社,1998.

[2] 陈玉民,郭国双,等. 中国主要农作物需水量等值线图研究[M]. 北京:中国农业科技出版社,1993.

[3] 陈玉民,郭国双,等. 中国主要作物需水量与灌溉[M]. 北京:水利电力出版社,1995.

[4] 冯广龙,罗远培,刘建利,等. 不同水分条件下冬小麦根与冠生长及功能间的动态消长关系[J]. 干旱地区农业研究,1997,15(2).

[5] 郭相平. 夏玉米调亏灌溉机理与指标研究[D]. 杨凌:西北农业大学,1999.

[6] 郭元裕. 农田水利学[M]. 北京:水利电力出版社,1986.

[7] 彭世彰,李荣超. 覆膜旱作水稻作物系数试验研究[J]. 水科学进展,2001,12(3).

[8] 孙景生. 夏玉米生长盛期土壤—作物—大气连续体水热耦合运移的数值模拟[D]. 杨凌:西北农业大学,1994.

[9] 康绍忠,熊运章,刘晓明. 用彭曼-蒙特斯模式估算作物蒸腾量的研究[J]. 西北农业大学学报,1991,19(1).

[10] 林家鼎,孙菽芬. 土壤内水分流动、温度分布及其表面蒸发效应的研究——土壤表面蒸发阻抗的探讨[J]. 水利学报,1983,7.

[11] 卢振民. 田间小麦群体内叶片气孔阻力差异研究[J]. 应用生态学报,1990,1(1).

[12] 卢振民. 土壤—作物—大气系统(SPAC)水流动态模拟与实验研究[J]. 作物与水分关系研究,1992.

[13] 李远华,崔远来,杨常武,等. 漳河灌区实时灌溉预报研究[J]. 水科学进展,1997,8(1).

[14] 李远华. 实时灌溉预报的方法及应用[J]. 水利学报,1994,2.

[15] 刘钰,Pereira L S,Teixeira J L,等. 参照腾发量的新定义及计算方法对比[J]. 水利学报,1997,(6).

[16] 李彩霞,周新国,孙景生,等. 不同沟灌方式下玉米叶片气孔阻力差异[J]. 农业工程学报,2014,30(13).

[17] 齐红岩,刘洋,刘海涛. 水分亏缺对番茄叶片气孔特性及叶绿体超微结构的影响[J]. 西北植物学报,2009,29(1):9-15.

[18] 冉辛拓,郝宝锋,张新生. 干旱过程中苹果茎水势和叶水势的变化研究[J]. 河北农业科学,2009,13(4).

[19] 孙景生. 夏玉米生长盛期土壤—作物—大气连续体水热耦合运移的数值模拟[D]. 杨凌:西北农业大学,1994.

[20] 孙景生. 控制性交替隔沟灌溉的节水机理与作物需水量估算方法研究[D]. 杨凌:西北农林科技大学,2002.

[21] 孙菽芬,牛国跃,洪钟祥. 干旱及半干旱区土壤水热传输模式研究[J]. 大气科学,1998,22(1).

[22] 杨邦杰. 土壤蒸发过程的数值模拟及其应用[M]. 北京:学术书刊出版社,1989.

[23] 于贵瑞,伏玉林,孙晓敏,等. 中国陆地生态系统通量观测研究网络(ChinaFLUX)的研究进展及其发展思路[J]. 中国科学(D辑),2006,36(增刊2).

［24］许迪,蔡林根,王少丽,等. 农业持续发展的农田水土管理研究［M］. 北京:中国水利水电出版社, 2000.

［25］于贵瑞. 不同冠层类型的陆地植被蒸发散模型研究进展［J］. 资源科学,2001,23(6).

［26］王宏. 作物水分亏缺诊断的研究. Ⅱ冠层温度和农田蒸散［M］. 北京:中国科学技术出版社,1992.

［27］徐林娟. 以叶水势为灌溉指标的水稻节水技术体系研究［D］. 杭州:浙江大学, 2006.

［28］郑凤英,彭少麟. 不同尺度上植物叶气孔导度对升高 CO_2 的响应［J］. 生态学杂志,2003,22(1): 26-30.

［29］Allen R G, Raes D, Smith M. Crop evapotranspiration guidelines for computing crop water requirements ［J］. FAO Irrigation and Drainage Paper 56, 1998.

［30］Ayars J E, Hutmacher R B. Crop coefficients for irrigating cotton in the presence of groundwater［J］. Irrigation Science, 1994, 15(1).

［31］Anadranistakis M, Liakatas A, Kerkides P, et al. Crop water requirements model tested for crops grown in Greece［J］. Agricultural Water Management, 2000, 45.

［32］Avissar R, Avissar P, Maherer Y, et al. A model to simulate response of plant stomata to environmental conditions［J］. Agricultural and Forest Meteorology, 1985, 34.

［33］Brisson N, Itier B, Hotel J C, et al. Parameterisation of the Shuttleworth-Wallace model to estimate daily maximum transpiration for use in crop model［J］. Ecological Modelling, 1998, 107.

［34］Blackman P G, Davies W J. Root-to-shoot communication in maize plants of the effects of soil drying［J］. Experimental Botany, 1985, 36.

［35］Brenner A J, Incoll L D. The effect clumping and stomatal response on evaporation from parsely vegetated shrublands［J］. Agricultural and Forest Meteorology, 1997, 84.

［36］Camillo P J, Gurney R J. A resistance parameter for bare soil evaporation models［J］. Soil Science, 1986, 141.

［37］Choudhury B J, Monteith J L. Afour-layer model for the heat budget of homogeneous land surfaces［J］. Quarterly Journal of the Royal Meteorological Society, 1988, 114.

［38］Daamen C C. Two source model of surface fluxes for millet fields in Niger［J］. Agricultural and Forest Meteorology, 1997, 83.

［39］Doorenbos J, Kassam A H. Yield response to water［J］. FAO Irrigation and Drainage Paper No. 33, FAO, Rome, Italy, 1979.

［40］Doorenbos J, Pruitt W O. Crop water requirements［J］. Irrigation and Drainage Paper No. 24, FAO, Rome, Italy, 1977.

［41］Dodd I C, Egea G, Davies W J. ABA signalling when soil moisture is heterogeneous: Decreased photo-period sap flow from drying roots limits ABA export to the shoots［J］. Plant Cell Environ, 2008, 31: 1263-1274.

［42］Evett S R, Matthias A D, Warrick A W. Energy-balance model of spatially-variable evaporation from bare soil［J］. Soil Science Society of America Journal, 1994, 58(6).

［43］Federer C A, Vorosmarty C J, Fekete B. Intercomparison of methods for potential evapotranspiration in regional or global water balance models［J］. Water Resource Research, 1996, 32.

［44］Hunsaker D J. Basal crop coefficients and water use for early maturity cotton［J］. Trans of the ASAE, 1999, 42(4).

［45］Fuchs M, Tanner C B. Evaporation from drying soil［J］. Journal of Applied Meteorology, 1967, 6.

［46］Franks P J, Farquhar G D. The mechanical diversity of stomata and its significance in gas-exchange control[J]. Plant Physiology, 2007, 143: 78-87.

[47] Idso S B, Ehrler W L. Estimating soil moisture in the root zone of crops: A technique adaptable to remote sensing[J]. Geophysical Research Lettter, 1976, 3.

[48] Idso S B. Stomatal regulation of evaporation from well-watered plant canopies, A new synthesis[J]. Agricultural Meteorology, 1983, 29.

[49] Jarvis P G. The interpretation of the variation in leaf water potential and stomatal conductance found in canopies in the field[J]. Philosophical Transactions of the Royal Society of London, 1976, 273.

[50] Jensen M E, Burman R D, Allen R G. Evapotranspiration and irrigation water requirements[J]. ASCE Manuals and Reports on Engineering Practices No. 70. , Am. Soc. Civil Engrs. , New York, NY,1990.

[51] Jackson R D, Idso S B. Wheat canopy temoeratature: A Practical tool for evaluating water requirements [J]. Water Resources Research, 1977, 13.

[52] Jackson R D. Soil moisture inferences from thermal-infrared measurements of vegetation temperatures, IEEE Trans[J]. Geoscience Remote Sensing, 1982, 20.

[53] Kashyap P S, Panda R K. Evaluation of evapotranspiration estimation methods and development of crop-coefficients for potato crop in a sub-humid region[J]. Agri. Water Manage,2001,50(1).

[54] Kato T, Kimura R, Kamichika M. Estimation of evapotranspiration, transpiration ratio and water-use efficiency from a sparse canopy using a compartment model[J]. Agricultural Water Management, 2004, 65(3).

[55] Kramer P J. Water relations of plants[M]. New York:Academic Press, 1983.

[56] Lund M R, Soegaard H. Modelling of evaporation in a sparse millet crop using a two-source model including sensible heat advection within the canopy[J]. Journal of Hydrology,2003,280.

[57] Lauenroth W K, Bradford J B. Ecohydrology and the partitioning AET between transpiration and evaporation in a semiarid steppe[J]. Ecosystems, 2006, 9(5).

[58] Liu F L, Andersen M N, Jensen C R. Capability of the 'Ball-Berry' model for predicting stomatal conductance and water use efficiency of potato leaves under different irrigation regimes[J]. Scientia horticulturea, 2009, 122: 346-354.

[59] Marco Bittelli, Francesca Ventura, Gaylon S, et al. Coupling of heat, water vapor, and liquid waterfluxes to compute evaporation in bare soils[J]. Journal of Hydrology , 2008,362.

[60] Monteith J L. Environmenntal control of plant growth (Evans L T, ed.)[M]. New York: Aeademic Press, 1963.

[61] Monteith J L. Evaporation and Environment[M]. Cambridge: University Press, 1965.

[62] Moran M S, Scott R L, Keefer T O, et al. Partitioning evapotranspiration in semiarid grassland and shrubland ecosystems using time series of soil surface temperature[J]. Agricultural and Forest Meteorology, 2009, 149(1).

[63] Morison J I L, Gifford R M. Stomatal sensitivity to carbon dioxide and humidity[J]. A comparison of two C3 and C4 grass species, Plant Physiology, 1983, 71.

[64] Massman W J, Raschke K. Stomatal action[J]. Annual Review of Plant Physiology, 1975, 26.

[65] Milthorpe M L. The diffusive conductivity of the stomata of wheat leaves[J]. Journal of Experimental Botany, 1967(18): 422-457.

[66] Ortega-Farias S, Olioso A, Antonioletti R, et al. Evaluation of the Penman-Monteith model for estimating soybean evapotranspiration[J]. Irrigation Science, 2004, 23(1).

[67] Penman H L. Evaporation: An introductory survey[J]. Netherlands Journal of Agricultural Science,

1956, 4(1).

[68] Penman H L. Natural evaporation from open water, bare soil and grass. Proceedings of the Royal Society of London[J]. Series A 193, Mathematical and Physical Sciences, 1948, 193(1032).

[69] Penman H L. The physical basis of irrigation control[J]. In: Report of the 13th International Horticultural Congress, 1952.

[70] Gardiol J M, Serio L A, Maggiora A I D, Modeling evapo-transpiration of corn (Zea mays) under different plant densities[J]. Journal of Hydrology, 2003, 217.

[71] Hillel D I. Environmental soil physics. Evaporation from Bear-Surface Soils and Winds Erosion[J]. Academic Press Incorporated,1998.

[72] Hu Z M, Yu G R, Zhou Y L, et al. Partitioning of evapotranspiration and its controls in four grassland ecosystems: Application of a two-source model[J]. Agricultural and Forest Meteorology, 2009, 149.

[73] Reynolds J F, Kemp P R, Tenhunen J D. Effects of long-term rainfall variability on evapotranspiration and soil water distribution in the Chihuahuan Desert: A modeling analysis[J]. Plant Ecology, 2000, 150 (1-2).

[74] Sammis T W, Mapel C L, Lugg D G, et al. Evapotranspiration corp coefficients predicted using growing-degree days[J]. Trans of the ASAE, 1985, 28(3).

[75] Stone J F, Nofziger D L. Water use and yields of cotton grown under wide-spaced furrow irrigation[J]. Agric. Water Manage, 1993, 24.

[76] Shuttleworth W J, Wallace J S. Evaporation from sparse crops an energy combination theory[J]. Quarterly Journal Royal Meteorological Society, 1985, 111.

[77] Shuttleworth W J, Gurney R J. The theoretical relationship between foliage temperature and canopy resistane in sparse crops[J]. Quarterly Journal of the Royal Meteorological Society, 1990, 116.

[78] Sun S F. Moisture and heat transport in a soil layer forced by atmospheric conditions[M]. Department of Civil Engineering, University of Connecticut, 1982.

[79] Scott R L, Huxman T E, Cable W L, et al. Partitioning of evapotranspiration and its relation to carbon dioxide exchange in a Chihuahuan Desert shrubland[J]. Hydrological Processes, 2006, 20(15).

[80] Schoch P G, Zinsou C, Sibi M. Dependence of the stomatal index on environmental factors during stomatal differentiation in leaves of Vigna sinensis L[J]. Journal of Experimental Botany, 1980, 31(5): 1211-1216.

[81] Stannard D I. Comparison of Penman-Monteith, Shuttleworth-Wallace, and Modified Priestley-Taylor Evapotranspiration Models for wildland vegetation in semiarid rangeland[J]. Water Resources Research, 1993.

[82] Shaw R H, Perira A R. Aerodynamic roughness of a plant canopy: a numerical experiment[J]. Agricultural Meteorology, 1982, 26.

[83] Stewart J B, Gay L W. Preliminary modelling of transpiration from the fife site in Kansas[J]. Agricultural and Forest Meteorology,1989, 48(3-4).

[84] Seen D L, Chehbouni A, Njoku E, et al. An approach to couple vegetation functioning and s oil-vegetation-atmosphere trans fer models for semiarid grasslands during the HAPEX-Sahel experiment[J]. Agricultural and Forest Meteorology, 1997, 83.

[85] Slack D C, Martin A E, Sheta F A. Crop coefficients normalized for climatic variability with growing-degree-days[J]. In ASAE Proc. Int. Conf. on Evapotranapiration and Irrigation Scheduling, 1996.

[86] Steel D D, Sajid A H, Pruuty L D. New corn evapotranspiration crop curves for southeastern North Dakota

[J]. Trans of the ASAE ,1996,39(3).

[87] Stegman E C. Corn crop curve comparison for the Central and Northern Plains of the U. S[J]. Applied Engineering in Agriculture, 1988,4(3).

[88] Shimada T, Sugano S S, Hara-Nishimura I. Positive and negative peptide signals control stomatal density [J]. Cellular and Molecular Life Sciences. 2011, 68: 2081-2088.

[89] Thomas P W, Woodward F I, Quick W P. Systemic irradiance signalling in tobacco[J]. New Phytol, 2004, 161(1): 193-198.

[90] Zhang B Z, Kang S Z, Li F S, et al. Comparison of three evapotranspiration models to Bowen ratio-energy balance method for a vineyard in an arid desert region of northwest China[J]. Agricultural and Forest Meteorology, 2008 a,148.

[91] Zhou M C, Ishidair H, Hapuarachchi H P, et al. Estimating potential evapotranspiration using Shuttle-worth-Wallace model and NOAA-AVHRR NDVI data to feed a distributed hydrological model over the Mekong River basin[J]. Journal of Hydrology, 2006, 327.

[92] Williams D G, Cable W, Hultine K, et al. Evapotranspiration components determined by stable isotope, sapflow and eddy covariance techniques[J]. Agricultural and Forest Meteorology, 2004, 125(3-4).

[93] Wright J L,Jensen M E. Development and evaluation of evapotranspiration models for irrigation schedu-ling[J]. Trans of the ASAE,1978,21(1).

[94] Van de Griend A A, Owe M. Bare soil surface resistance to evaporation by vapor diffusion under semiarid conditions[J]. Water Resource Research, 1994, 30(2).

[95] Yan F, Sun Y Q, Song F B, et al. Differential responses of stomatal morphology to partial root-zone drying and deficit irrigation in potato leaves under varied nitrogenrates[J]. Scientia Horticulturae, 2012, 145:76-83.

第四章　交替隔沟灌溉条件下
玉米根系形态与吸水模型

作物根系具有趋水生长的习性,且形态可塑性非常大。土壤水分含量及其分布对根系的生长发育具有重要的影响。研究发现,如果部分根处在湿土中,则处在接近或达到永久萎蔫湿度土壤中的另一部分根仍能生长;供水良好时,根长密度随下扎深度呈指数下降;若停止供水,上层变干,则处于较深较湿部位的根就会增殖;灌溉促进浅层根的生长。学者将植物根系能在干土中保持生长的原因归于植物根部水分倒流现象的存在,垂向供水深度对根的垂向层次分布影响较大,地表和 20 cm 土层供水情况下,100 cm 以下土层的根系发育较多;40 cm 土层供水情况下,对 40 cm 以上土层中根系有一定抑制作用,作物生长中后期较明显;80 cm 土层供水抑制次生根发育,上层根重显著降低,对深层根重影响较小。因此,不同深度垂直交替供水促进了根系的生长发育及深扎,根系的结构更趋合理,而且根系活力及吸收水分和养分的能力增强。水平方向控制性交替供水研究表明,中度干旱(下限为 55% 田间持水量)下作物根系的生长发育无明显抑制,但根冠比增加,说明地上部的生长对水分亏缺的反应比根系更为敏感;1/2 分根、1/3 分根交替灌溉情况下,适量水分(灌水下限为 65% 田间持水量)的 1/2 分根交替灌溉显著地促进了作物根系的生长发育,而 1/3 分根交替灌溉严重抑制根系生长,说明受旱已经过度;水平方向控制性交替供水促进了干燥侧土壤中根毛发育。因此,只要水分下限控制适当,区域控制性交替供水不仅能促进根系的生长发育,还可使根系在土壤中的分布趋于均匀,从而利于根系对土壤中水分和养分的吸收。植物为了维持根系周围液体的连续性,诱发了自身的环境响应效应,通过深层下扎或根毛的发育为养分的吸收提供更大的根系表面积,以补偿干土中养分向根系扩散和运移速率降低的影响,发挥了根系水分传导的补偿作用。

根系作为作物地上与地下部分物质及信息交换的重要系统,对于植株稳固和资源获取非常重要,植株对水分和养分的获取主要来自根系,根系研究已成为提高作物生产力、挖掘作物节水潜力的重要渠道。

本章试验数据来自 2009~2010 年 4~8 月在中国农业科学院农田灌溉研究所作物需水量试验场开展的大田春玉米试验(河南新乡)。玉米播期分别为:2009 年 4 月 21 日、2010 年 4 月 22 日,收获期分别为 2009 年 8 月 14 日、2010 年 8 月 26 日,试验分常规沟灌和交替隔沟灌溉 2 个处理,试验区具体情况见第三章,试验处理设置见表 3-1。沟垄断面为半圆形(见图 3-1)。试验中根长密度的测定:采用根钻取样法,根钻钻头直径 7 cm,高度 10 cm。取样时,以主根系为中心,垂直向下每 10 cm 设一个取样点,取样深度直到无根为止。取出的根样先在清水中浸泡 6~8 h,用 0.1 mm 孔径的网筛过滤并冲洗干净,然后用修正的 Newman 方法量测根长,计算根长密度。在玉米每个生育阶段取样 1 次,全生育期取样 4~5 次。根系形态指标的测定:由 ET-100 根系监测系统测定根系的生长与死亡动态指标,观测根系使用的透明树脂玻璃管于试验前 1 年埋入土壤,安装角度与水平面成

45°;由扫描软件对根系生长状态进行扫描拍摄,由 WinRHIZOTron 图像数据软件进行数据分析。

第一节　根系形态

根系形态研究方法主要有田间直接取根法(如挖掘法、根钻法、剖面法和整段标本法)、根箱法和微根管法等。挖掘法、根钻法和剖面法等传统取样方法能够原位取样,但破坏性较大,而且很难做到动态观测。根箱法为根系研究提供了手段,但箱体空间对根系的自然生长有一定限制。微根管法在草地、农作物、果园、森林和沙漠植物等研究中都有应用,它在原位、非破坏、长期连续、定点地观测根系动态方面具有优势,并能对固定根系从生到死的多个形态指标进行监测。微根管安装方法包括垂直安装、水平安装、与水平面成 45°安装,至少在观测前 30 d 埋设以克服管周的扰动。研究认为,微根管法不适于较浅土层的根系观测,埋管后根系会优先选择沿管壁生长,建议两次观测的时间间隔不能超过8 周,否则会漏掉根系在此期间发生的生长代谢过程而增大观测误差。在节水调控研究中,作物细根和根毛的活性功能最强,对整个作物的生长和土壤水分的吸收发挥着重要作用,微根管研究法使研究者对细根功能的认识更加深入。

一、交替隔沟灌溉方式下玉米根系形态

采用微根管法研究交替隔沟灌溉的玉米根系形态。在 2009 年春玉米生长期,选择交替隔沟灌溉一次干湿交替前后两天观测,即 2009 年 6 月 12 日和 6 月 18 日的根系为代表进行形态分析,主要分析湿润(灌水)与干燥(非灌水)区域的坡位与垄顶某一特定深度的根系扫描图(见图 4-1)。可见,干燥区域复水后,根尖数明显增加,根系长度和体积密度显著增大[见图 4-1(a)];而湿润区域交替为干燥区域后,坡位与垄位根系形态无明显变化[见图 4-1(b)和(c)]。因此,交替隔沟灌溉方式下玉米根系形态存在时间上和空间上(在灌水区域、非灌水区域和垄位)的响应,非灌水区域复水后,根系生长和代谢产生"补偿"效应,交替隔沟灌溉促进了坡位的根系发育。

对交替隔沟灌溉条件下扫描图片的根系形态信息进行分析,包括根系生长速率、死亡速率、体积密度、根尖数和根系表面积随播后天数的变化。由于 6 月 6 日(播后 46 d)和 7月 8 日(播后 78 d)降雨超过 20 mm,根系形态分析主要参考时段为播后 52～73 d。交替隔沟灌溉湿润区域的坡位活根直径减小,活根系的生长速率、体积密度、根尖数和表面积均达到最大,分别为 7.21 mm/(cm^2 · d)、4.09 mm^3/cm^2、5.68 个/cm^2 和 18.32 mm^2/cm^2,而死根各形态指标在灌水 1 d 后达到一个较低值,根系存在补偿性生长(见图 4-2)。另外,垄位与坡位的根系直径比较接近,而其他根系形态指标值比坡位小;随着土壤水分的降低,活根的体积密度、生长速率、活性表面积等形态指标减小,而死根的体积密度、死亡速率等形态增大(见图 4-2)。因此,交替隔沟灌溉促进了细根生长,增加了细根根尖数,扩大了根系活性表面积;交替隔沟灌溉在干燥区域的坡位活根生长速率、体积密度、根尖数和表面积均低于灌水区域,而根系的死亡速率、体积密度、根尖数和表面积都高于灌水区域(见图 4-3)。

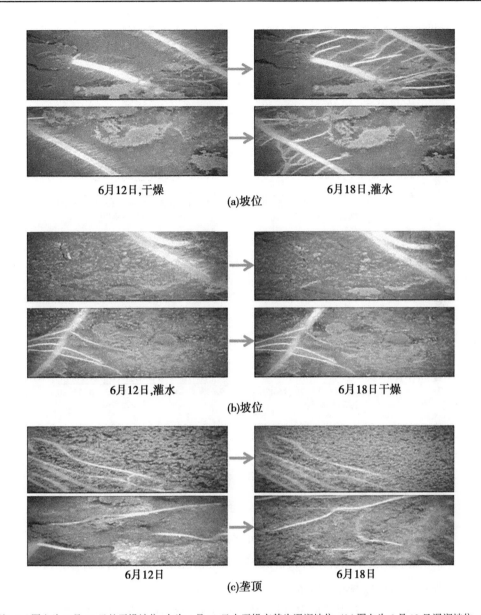

6月12日,干燥　　　　　　　　　　6月18日,灌水

(a)坡位

6月12日,灌水　　　　　　　　　　6月18日干燥

(b)坡位

6月12日　　　　　　　　　　6月18日

(c)垄顶

注:(a)图左为6月12日的干燥坡位,右为6月18日由干燥交替为湿润坡位;(b)图左为6月12日湿润坡位,
　　右为6月18日由湿润交替为干燥坡位;(c)图为干湿交替前后的垄顶。

图4-1　交替隔沟灌溉在灌水前后同一位置和土层深度处的根系形态对比(2009年)

二、常规沟灌方式下玉米根系形态

对于常规沟灌下活根,灌水1 d后(播后56 d),坡位根系生长速率、体积密度、根尖数和表面积增加很快,并高于垄位;灌水3 d后,垄位各形态指标高于坡位(见图4-4)。对于死根,在灌水1 d后,垄位根尖数、表面积、死亡速率和体积密度没有很快降低,灌水3 d后,这些指标达到最低值,但指标均值高于坡位,并随土壤水分降低逐渐增大;坡位这些根系形态指标在灌水1 d后下降很快,之后随土壤水分降低逐渐增大(见图4-4)。因此,常

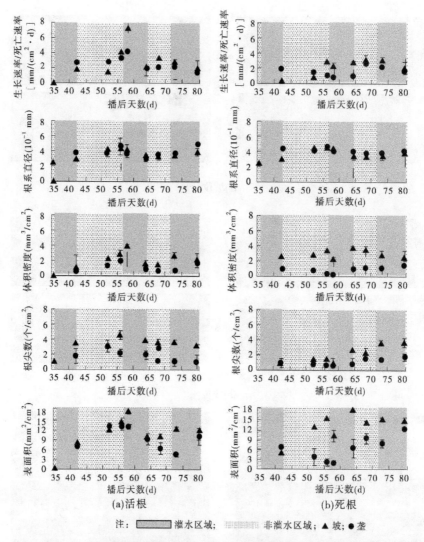

图 4-2　交替隔沟灌溉下活根和死根的形态随播后天数的变化(2009 年)

规沟灌在垄位的根系发育好于坡位。

　　综合两种沟灌方式下根系形态分析,植物根系对土壤环境产生响应机制,在常规沟灌时,上层土壤中玉米根尖数和表面积大,代谢活性强;在干旱胁迫时,上层土壤中玉米根系生长受到抑制,根系向下延伸,根系表面积减小;但根系经受一定的水分胁迫锻炼再复水后,根系自身通过活性氧离子多少、游离氨基酸含量、抗氧化酶活性和可溶性糖浓度等生理调节,使植株生长和代谢快速恢复。交替隔沟灌溉时经受干旱锻炼的根系在复水后再生能力增强,根长密度和根系水分传导提高,均高于常规沟灌。对比两种沟灌方式下根系形态,交替隔沟灌溉时干燥区域复水后根系生长速率明显提高,根尖数、根系表面积和根长密度增大,并且都高于干燥区域和常规沟灌(见图 4-2~图 4-4);交替隔沟灌溉时坡位根系形态值高于垄位,常规沟灌时坡位根系形态值低于垄位(见图 4-2、图 4-4),与常规沟灌比较,交替隔沟灌溉对坡位玉米根系形态产生明显的调控作用,是根系对土壤环境响应的结果。

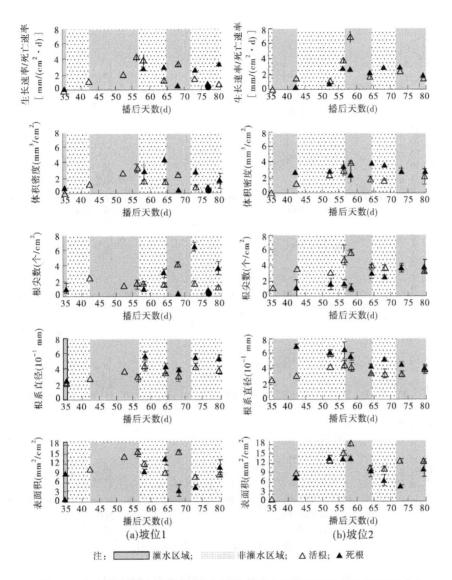

图4-3　交替隔沟灌溉在相同时段内湿润与干燥坡位根系形态对比(2009年)

三、不同径级的根系形态变化

将根系直径分为4个径级区间进行分析(见图4-5)。图4-5(a)表示交替隔沟灌溉下垄位的根系形态;图4-5(b)表示交替隔沟灌溉下相邻的两个坡位不同径级的根系形态。在交替隔沟灌溉的坡位,0.25~0.45 mm径级区间的根长密度最大,在播后52 d内,此径级区间根系的根长密度小于3 mm/cm²,约占总根长密度的50%,56 d后占总根长密度的比例提高到70%~81%;0.15~0.25 mm径级根系的根长密度小于2 mm/cm²,占总根长密度的20%左右[见图4-5(b)]。在垄位,仍是0.25~0.45 mm径级根长密度占最大比例(75%~90%),最大根长密度(10.98 mm/cm²)出现在播后42 d,之后逐渐减小[见图4-5

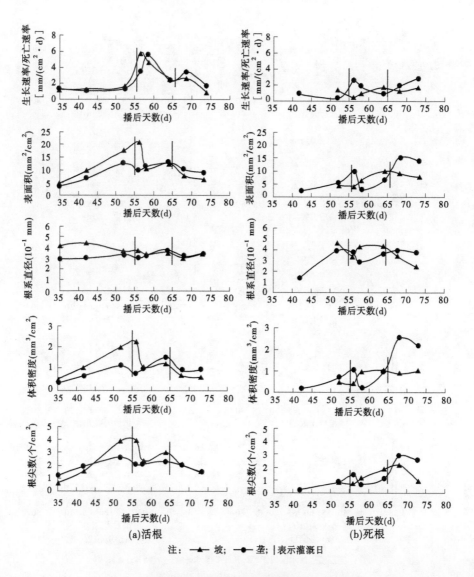

注：——▲—— 坡；——●—— 垄；|表示灌溉日

图 4-4　常规沟灌条件下的根系形态变化(2009 年)

(a)]。可见,苗期玉米根系小,主要分布在垄位,根量随生育期逐渐向坡位扩展,整体上以直径 0.25~0.45 mm 区间的根系占较大根密度比例。根系体积密度的变化趋势与根长密度相似,均以 0.25~0.45 mm 径级根系占最大比例,径级≤0.25 mm 和>0.45 mm 的根系体积密度小于 1 mm³/cm²。在坡位,0.15~0.25 mm 径级根系的根尖数最大,平均为 1.2 个/cm²,此径级区间根系占总根尖数的 50%~70%;其次是 0~0.15 mm 径级的根系,平均为 0.83 个/cm²,占 25%~50%;非灌水区域复水后使细根(直径≤0.25 mm)根尖数增加。根系表面积与根尖数分布相似,在坡位,0~0.15 mm、0.15~0.25 mm、0.25~0.45 mm 和>0.45 mm 径级区间的根系表面积分别占总根系的 38.71%、33.06%、9.41%和 18.82%。

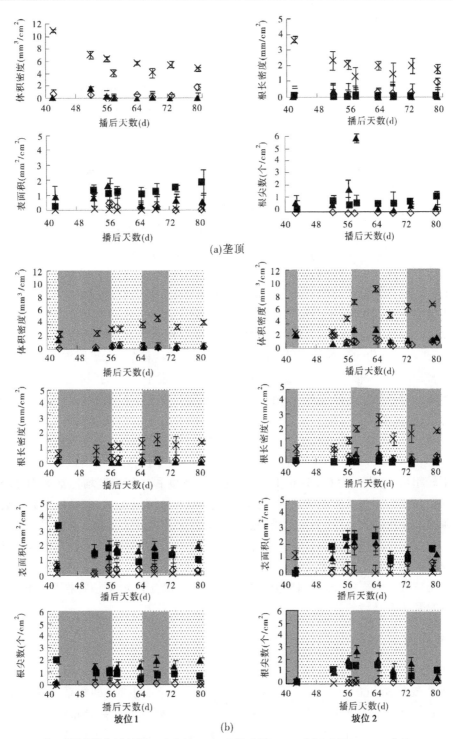

(a)垄顶

(b)

注：根系径级分4个区间：■0~0.15 mm，▲0.15~0.25 mm，×0.25~0.45 mm，◇>0.45 mm

图4-5　交替隔沟灌溉下不同根系径级的根长密度、体积密度和根尖数变化(2009年)

常规沟灌条件下,在根长密度和根系体积密度分布中,0.25~0.45 mm 径级根系的根长密度、体积密度以及在总根系中所占比例都最大,坡位的平均根长密度和体积密度分别为 5.73 mm/cm² 和 1.99 mm³/cm²,在垄位分别为 8.14 mm/cm² 和 2.70 mm³/cm²,所占比例为 71.39%~77.99%;其次是 0.15~0.25 mm 径级根系,根长密度为 1.50 mm/cm²,体积密度为 0.35 mm³/cm²,在根长密度分布中所占比例约为 15%,在体积密度分布中占 10%;小于 0.15 mm 和大于 0.45 mm 径级根系的根长密度和体积密度数值都小于 0.5(见图 4-6)。在坡位,根系表面积和根尖数的分布比较一致,0~0.15 mm 径级根系所占比例最大,约 77%,此区间根系平均表面积为 1.64 mm²/cm²,平均根尖数为 0.91 个/cm²;直径大于 0.15 mm 的根系表面积和根尖数均小于 0.30。在垄位,根系表面积和根尖数分布不同,0~0.15 mm 和 0.15~0.25 mm 径级根系平均表面积分别为 0.93 mm²/cm² 和 0.69 mm²/cm²,在分布中所占比例分别为 48.56% 和 36.23%,此径级区间的根系根尖数分别为 0.52 个/cm² 和 0.84 个/cm²,所占比例分别为 36.71% 和 58.73%;大于 0.25 mm 径级的根尖数接近于 0。

通过不同径级根系的形态分布分析,交替隔沟灌溉下单位面积土壤的细根根尖数和表面积都高于常规沟灌,根系形态存在区域性差异。细根在抗旱和复水中发挥重要作用,如在 Brassicaceae 属植物中,干旱时植物发育出基部中空、木质部早熟的抗旱短根,当重新复水后,短根发育出大量根毛,并恢复延伸生长。还有些植物,为了抵御干旱诱导细根原基的发育,在复水后很快发育成细根,重新恢复了对水分和养分的吸收。玉米根系在抗旱复水中的功能和作用与其他植物一样,交替隔沟灌溉方式下玉米根系经受一定程度的干旱胁迫锻炼,复水后受旱根系发育出大量细根。本书通过不同径级根系形态的量化对比分析发现,两种沟灌方式下 0.25~0.45 mm 径级根系的长度和体积密度所占比例较大,但根数并不多,≤0.25 mm 直径的细根在根尖数和根系表面积分布中占最大比例;交替隔沟灌溉下较粗根系(直径为 0.25~0.45 mm)的根长密度和体积密度均比常规沟灌小,而细根根尖数和表面积明显高于常规沟灌,特别在非灌水区域复水后,细根根尖数显著增加,引起细根表面积增大,有利于恢复受胁迫根系对水分和养分的吸收。从根系直径大、吸水困难的角度看,交替隔沟灌溉产生的大量细根和活性表面积,提高了根系水分传导,对作物抗旱和保持作物生命需水发挥着重要作用。另外,作物根区交替湿润时冠层水分利用效率和土壤酶活力得到提高,细根根尖数增加反映了特定环境下植物根系对植株需水信号的满足和土壤环境的适应。

四、玉米根系分布

相同时段内,常规沟灌在垄位和坡位的根系最大下扎深度约 80 cm,从根量上看,垄位主要分布在 20~60 cm,而坡位在 30~50 cm;在同一时间垄位的根系下扎深度较坡位大。根系开始产生大量死亡的时间在 6 月 28 日以后,死根的根系分布情况与活根类似,说明根系的生长和代谢速度同步。与常规沟灌相比,交替隔沟灌溉在坡位的活根下扎深度较深,达 90 cm;而在垄位的活根下扎深度较浅,最大深度为 70 cm(见图 4-7)。在垄位,根系主要集中在 10~40 cm,6 月 12 日根长达到最大,6 月 28 日以后开始向 40 cm 以下生长;在坡位,达到较大根长的时间比较晚(6 月 16 日以后),根系大密度分布达到的深度

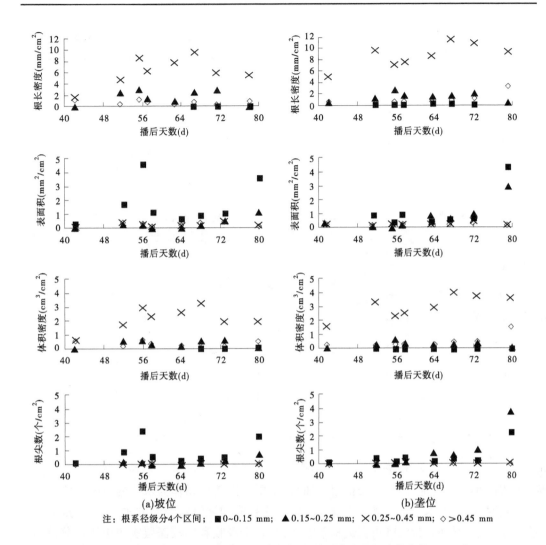

注：根系径级分4个区间；■ 0~0.15 mm；▲ 0.15~0.25 mm；× 0.25~0.45 mm；◇ >0.45 mm

图 4-6　常规沟灌下不同根系径级的根长密度、体积密度和根尖数变化（2009 年）

（80 cm）也比垄位深（40 cm），但在同一时间坡位的根系增加较快，例如，在 6 月 24 日坡位根系接近 70 cm 深度，而垄位接近 60 cm 深度，在 6 月 28 日坡位根系接近 80 cm 深度，而垄位接近 60 cm 深度。两种沟灌方式对比发现，交替隔沟灌溉在坡位的玉米根系下扎较深，代谢也较强。

五、玉米根系物质分配

　　土壤水分状况及其分布不仅对夏玉米地上株高、茎粗和叶面积的生长发育产生影响，同时影响根系的生长、分布和功能。一般地，根系的生长发育与土壤中的水分及土壤的通透性密切相关，土壤水分如果超过适宜水平或空间分布不合理，会造成土壤通气不良，由于氧气不足使根系的生长速度和吸收功能受阻而生长不良，并且会使玉米根系的分布变浅，茎直径变细，抵御干旱和抗倒伏能力变差；如果土壤水分亏缺严重，根系的发育同样会变差，尤其是在拔节后干旱会使玉米根系的干重大幅度下降。但干旱对玉米根系生长的

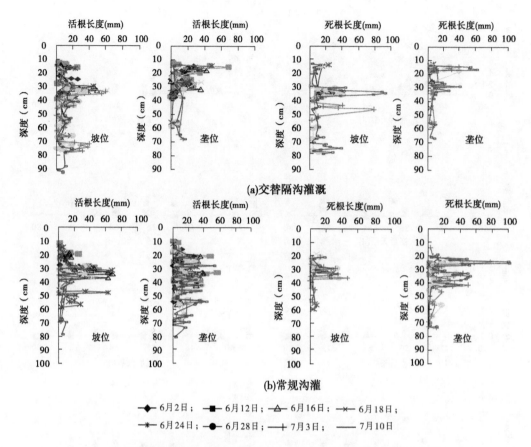

图 4-7　交替隔沟灌溉和常规沟灌方式下活根和死根的剖面分布(2009 年)

抑制程度小于地上部,因此会使根冠比加大,主要原因是根系作为水分的吸收器官,在水分不足时,吸收的水分首先满足自身的需要。交替隔沟灌溉水湿润方式将会充分利用作物根系向水生长的习性,既可促进根系深扎,有利于吸收利用较深层次的土壤水分,增强抗旱能力,又可使根系以植株茎秆为中心在平面上得到均匀分布,并保持较强的吸收功能,从而能充分地吸收利用土壤中的矿质营养元素,达到地上地下协调发展的目的。分析夏玉米吐丝时不同沟灌方式下 L-70 水分处理的地上干物重、根系干重和根冠比发现,不同的灌水方式可以显著地改变干物质在根冠间的分配比例,总的趋势是水分亏缺对根系生长的影响较小,对地上茎、叶生长的影响相对较大,使分配到根系的干物质比例增大。与常规沟灌相比,交替隔沟灌溉虽然抑制了地上部的生长,干物重减少了 7%,但根系的生长不仅没有受到抑制,反而总量还有所增加,根系干重的绝对值增加 0.49 g/株,提高了1.59%,根冠比提高 8.76%;与常规沟灌相比,固定隔沟灌溉方式的根冠比提高 6.20%,与交替隔沟灌溉接近,绝对值相差仅低 0.07,但根系总量却已明显减少,根系干重的绝对值比常规沟灌和交替隔沟灌溉分别减少了 3.64 g/株和 4.13 g/株,说明固定隔沟灌溉方式,由于干燥沟长期得不到水分供应,干燥区的土壤已明显地抑制了根系的生长发育(见表 4-1)。

表 4-1 不同沟灌方式对夏玉米地上干物重、根系干重和根冠比的影响(2000 年)

处理	地上干物重(g/株)	根系干重(g/株)	根冠比
常规沟灌	112.66	30.73	0.274
固定隔沟灌溉	93.13	27.09	0.291
交替隔沟灌溉	104.69	31.22	0.298

不同沟灌方式对作物根系的表面积和根系的水分传导性能也会产生一定的影响。上述根系形态分析发现，交替供水使土壤的不同区域经历干湿交替，可以刺激根毛的生长，为养分的吸收提供更大的根系表面积，同时根系经受一定程度的干湿锻炼后，对其水分传导还具有明显的补偿作用。因此，交替隔沟灌溉方式不仅能促进根系的生长发育，而且可以使根系在土壤中的分布趋于均匀，根系吸收活力增强，从而有利于根系对土壤中水分和养分的吸收。

第二节 根系吸水速率

根系吸水是 SPAC 系统水分运移的一个重要环节，根系吸水模型在 SPAC 系统水流连续方程中作为一个汇函数，其研究方法主要有微观法和宏观法。微观法主要用于分析根系吸水机制，在实际应用中存在很多难于获取的因素；在根系系统及根区土壤水分运动问题的模拟中，根系吸水项主要采用宏观法，宏观根系吸水模型需要解决的关键问题是确定根系吸水函数，而根系吸水函数的求解主要是确定根系密度函数。

一、玉米根长密度分布

由实测数据分析，根长密度在侧向延展和垂向土壤深度上均为指数分布，呈指数递减趋势，由下式表示：

$$L_z = a_1 e^{a_2 z_r} \tag{4-1}$$

式中：L_z 为垂向根长密度；z_r 为根系垂向伸张长度。

根系垂向下扎和水平伸展长度都随播后天数线性增加，与常规沟灌相比，交替隔沟灌溉下玉米根系下扎增加速度较慢，而根系水平伸展距离随播后天数增加的速度较快；根长密度在垂向逐层递减，垄顶、坡和沟底的最大根密度深度分别为 10 cm、20 cm 和 30 cm；在水平方向，根长密度由垄顶向坡、沟底逐次递减(见图 4-8、图 4-9)。常规沟灌下根长密度分布在垄顶的两侧比较对称；从春玉米苗期开始，交替隔沟灌溉的根长密度在垄顶两侧呈不对称分布，受 7 月、8 月降雨的影响，灌浆期之后，根长密度在垄顶的两侧逐渐对称分布(见图 4-8、图 4-9)。

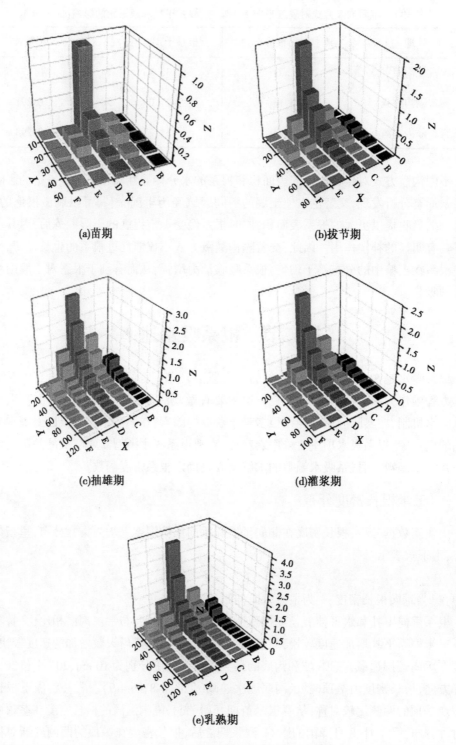

(a)苗期　　　　　　　　　　　　　　(b)拔节期

(c)抽雄期　　　　　　　　　　　　　(d)灌浆期

(e)乳熟期

注:X 轴表示根系取样点位(B—C—D—E—F 分别对应沟底—坡—垄顶—坡—沟底),反映根系的横向伸展;
　　Y 轴表示根系下扎深度,cm;Z 轴表示根长密度(RLD),cm/cm^3。

图 4-8　常规沟灌方式下玉米不同生长阶段的根长密度(2010 年)

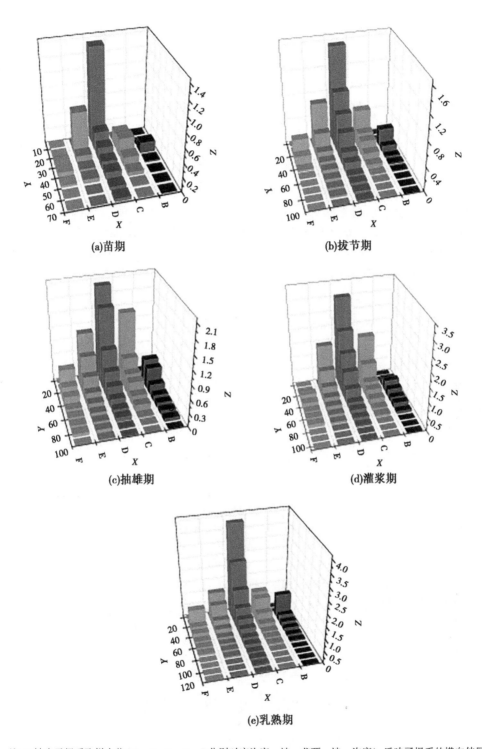

(a)苗期　　　　　　(b)拔节期

(c)抽雄期　　　　　　(d)灌浆期

(e)乳熟期

注：X 轴表示根系取样点位（B—C—D—E—F 分别对应沟底—坡—垄顶—坡—沟底），反映了根系的横向伸展；

　　Y 轴表示根系下扎深度，cm；Z 轴表示根长密度（RLD），cm/cm³。

图 4-9　交替隔沟灌溉方式下玉米不同生长阶段的根长密度（2010 年）

二、根系吸水模型

根系吸水是土壤—植物—大气系统（SPAC系统）水分循环的一个重要环节。在作物生长条件下，根系吸水作为SPAC系统土壤水热动态模型的一个汇函数。目前，研究根系吸水主要有两种方法：一种是微观模型，考虑土壤水分进入和流出单个根系的径向流，根系看作是一个无限长半径和吸水性能均匀的圆筒，是研究单根吸水的理想化机制模型，这类模型参数复杂，适于根系吸水机制方面的研究。另一种是宏观模型，一般假设根系在水平向均匀分布，只考虑垂向根系吸水规律，能应用于整个根区的土壤水分动态模拟，而且定解条件容易获得。由于实际应用的需要，宏观模型研究不断发展，大致分为以下三类：①依赖于土壤水力特性，对土壤水力参数非常敏感的根系吸水模型，这类模型具有一定的物理学和生理学意义。②考虑土壤、植物和大气因素对根系吸水影响，依赖于根系吸水强度的根系吸水模型。③优化改进的根系吸水模型。随着测量技术和信息技术的发展，优化改进的多维根系模型已成为研究热点。

（一）沟灌方式下二维根系吸水模型

充分供水条件下，根系吸水速率是根长密度的函数：

$$S_p(x,z,t) = \sigma\beta(x,z,t) \tag{4-2}$$

式中：σ 为待定系数；$S_p(x,z,t)$ 为潜在根系吸水速率；$\beta(x,z,t)$ 为根长密度。

水分亏缺条件下，根系吸水速率要考虑土壤非饱和水势的影响，引入水分胁迫函数 $\gamma(h)$，表示为

$$S(x,z,t) = \gamma(h)S_p(x,z,t) = \sigma\beta(x,z,t)\gamma(h) \tag{4-3}$$

$$\gamma(h) = \begin{cases} \dfrac{h}{h_1} & h_1 \leqslant h \leqslant 0 \\ 1 & h_2 \leqslant h \leqslant h_1 \\ \dfrac{h-h_3}{h_2-h_3} & h_3 \leqslant h \leqslant h_2 \\ 0 & h < h_3 \end{cases} \tag{4-4}$$

式中：h 为土壤水势；h_1、h_2、h_3 分别为影响根系吸水的几个土壤水分阈值。

h_1 为取样限制水势，取值为 $-0.3 \sim 0.4$ m，当含水量高于 h_1 时，土壤湿度高，透气性差，根系吸水速率降低。h_3 为凋萎点水势，取值为 $-15 \sim 20$ m。(h_2, h_1) 是根系吸水最适的土壤含水量区间，h_2 对应田间持水量。

根据作物蒸腾速率与根系吸水速率的关系，蒸腾速率表示为

$$T_r = \int_0^{z_m}\int_0^{x_m} S(x,z,t)\,\mathrm{d}x\mathrm{d}z = \int_0^{z_m}\int_0^{x_m} \sigma \cdot \gamma(h) \cdot \beta(x,z,t)\,\mathrm{d}x\mathrm{d}z \tag{4-5}$$

$$\sigma = \frac{T_r}{\displaystyle\int_0^{z_m}\int_0^{x_m} \gamma(h) \cdot \beta(x,z,t)\,\mathrm{d}x\mathrm{d}z} \tag{4-6}$$

根系吸水动态模型表示为

$$S(x,z,t) = \frac{T_r\beta(x,z,t)\,\gamma(h)}{\int_0^{z_\mathrm{m}}\int_0^{x_\mathrm{m}}\beta(x,z,t)\,\gamma(h)\,\mathrm{d}x\mathrm{d}z} \tag{4-7}$$

1. 根长密度的二维分布模型

根据根系特征分析,根长密度与垂向、水平根系伸展距离的关系均为指数函数,因此采用 Vrugt 等(2001)的指数函数,则根长密度二维分布模型表示为

$$\beta(x,z,J_\mathrm{d}) = (1 - x/x_\mathrm{m})(1 - z/z_\mathrm{m})\,\mathrm{e}^{-[(P_x/x_\mathrm{m})|x^*-x| + (P_z/z_\mathrm{m})|z^*-z|]} \tag{4-8}$$

式中:$\beta(z)$、$\beta(x)$ 分别为根系在垂向和水平向上的分布函数,z、x 分别为根系的垂向下扎深度和水平伸展距离,m;z_m、x_m 分别为根系在垂向和水平向的最大伸展距离,m;P_z、z^*、P_x 和 x^* 为待定参数,z^* 和 x^* 分别为最大根密度所在的垂向深度和水平伸展距离,当 $z>z^*$ 和 $x>x^*$ 时,P_z 和 P_x 取 1;J_d 为播后天数。

式(4-8)最终将作为土壤水分运动方程的汇函数,模拟时将根区土壤在两沟之间的部分作为一个对称区域,忽略根系伸出和进入区域引起的根密度变化,认为二者可以抵消,本研究沟灌的垄—垄间距为 60 cm,取 x_m 为 30 cm。拟合参数 x^*、z^*、P_x 和 P_z 分别取 5、10、1 和 5。

2. 根长密度模拟结果

两种沟灌方式的模拟结果见图4-10。两种沟灌方式下地面不同点位处的根长密度模拟结果与实测值拟合决定系数在 0.80 以上(见表4-2)。

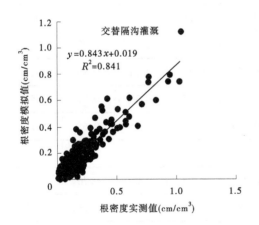
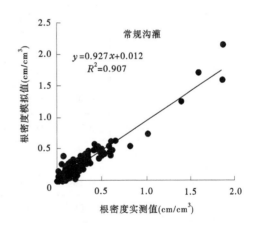

图 4-10　根长密度模拟结果与实测值的相关性分析

(二) 根系吸水模型的验证

交替隔沟灌溉在玉米生长中后期根系吸水速率比较大。常规沟灌的根系吸水在玉米生长中期高,后期逐渐降低。播种 49 d(6 月 11 日)后,交替隔沟灌溉在沟底—坡—垄顶—坡—沟底 5 个点位的根系吸水速率平均值分别为 2.58 mm/d、4.56 mm/d、7.64 mm/d、4.83 mm/d 和 2.90 mm/d,常规沟灌分别为 3.66 mm/d、4.27 mm/d、5.33 mm/d、4.31 mm/d 和 4.01 mm/d。交替隔沟灌溉在坡位的根系发育较好,吸水速率也比常规沟灌高;

常规沟灌灌水充分,不同位置处的根系几乎不受胁迫影响,根系吸水速率在点位之间的差异比交替隔沟灌溉小。降雨或灌溉后根系吸水速率增大(见图 4-11~图 4-13)。

表 4-2　根长密度的模拟结果评价

点位	日期 (月-日)	交替隔沟灌溉				常规沟灌			
		绝对差	标准差	拟合度	R^2	绝对差	标准差	拟合度	R^2
沟1	06-10	0.08	0.12	0.75	0.819	0.01	0.01	0.80	0.912
	06-23	0.10	0.10	0.68	0.809	0.01	0.01	0.96	0.945
	07-03	0.09	0.11	0.66	0.924	0.04	0.04	0.65	0.899
	07-18	0.06	0.08	0.66	0.877	0.08	0.07	0.69	0.885
	08-06	0.08	0.10	0.70	0.833	0.06	0.06	0.77	0.895
坡1	06-10	0.12	0.19	0.67	0.949	0.06	0.06	0.61	0.857
	06-23	0.11	0.18	0.66	0.812	0.09	0.14	0.66	0.908
	07-03	0.08	0.11	0.67	0.802	0.06	0.07	0.71	0.861
	07-18	0.08	0.09	0.72	0.841	0.08	0.10	0.63	0.966
	08-06	0.05	0.06	0.85	0.919	0.08	0.11	0.76	0.852
垄顶	06-10	0.11	0.21	0.70	0.870	0.15	0.18	0.71	0.903
	06-23	0.18	0.29	0.66	0.902	0.08	0.12	0.89	0.985
	07-03	0.22	0.37	0.68	0.899	0.26	0.60	0.73	0.907
	07-18	0.68	1.51	0.70	0.964	0.14	0.14	0.86	0.982
	08-06	0.43	0.92	0.64	0.879	0.15	0.30	0.71	0.853
坡2	06-10	0.06	0.07	0.66	0.855	0.05	0.06	0.65	0.917
	06-23	0.06	0.07	0.74	0.993	0.06	0.08	0.78	0.921
	07-03	0.07	0.10	0.76	0.949	0.06	0.08	0.76	0.825
	07-18	0.03	0.06	0.85	0.979	0.08	0.09	0.63	0.875
	08-06	0.07	0.12	0.76	0.967	0.09	0.12	0.78	0.875
沟2	06-10	0.10	0.12	0.72	0.829	0.01	0.01	0.79	0.989
	06-23	0.04	0.06	0.64	0.970	0.06	0.05	0.69	0.973
	07-03	0.06	0.06	0.69	0.820	0.09	0.07	0.73	0.930
	07-18	0.02	0.03	0.76	0.860	0.06	0.07	0.67	0.897
	08-06	0.02	0.03	0.77	0.976	0.03	0.04	0.81	0.975

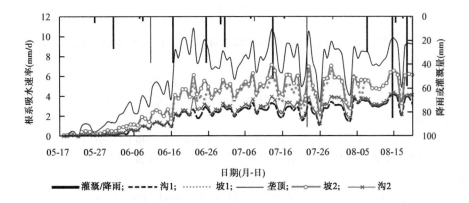

图 4-11　交替隔沟灌溉在不同点位处的根系吸水动态模拟结果（2010 年）

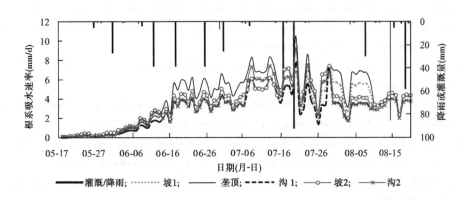

图 4-12　常规沟灌在不同点位处的根系吸水动态模拟结果（2010 年）

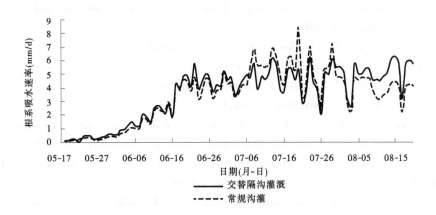

图 4-13　两种沟灌方式下根系吸水速率模拟结果（2010 年）

参考文献

[1] 罗毅,于强, 欧阳竹, 等.利用精确的田间实验资料对几个常用根系吸水模型的评价与改进[J].水利学报, 2000(4).

[2] 山仑, 陈培元.旱地农业生理生态基础[M].北京:科学出版社,1998.

[3] 康绍忠,张建华,梁建华.土壤水分与温度共同作用对植物根系水分传导的效应[J].植物生态学报, 1999,23(3).

[4] 马瑞昆, 等.供水深度与冬小麦根系发育的关系[J].干旱地区农业研究,1991,3.

[5] 汤章诚.植物对水分胁迫的反应和适应性,Ⅱ 植物对干旱的反应和适应性[J].植物生理学通讯, 1983,4.

[6] 许旭旦,诸涵素.植物根部的水分倒流现象[J].植物生理学通讯, 1995,31(4).

[7] 史文娟.分根区垂直交替供水与调亏灌溉的节水机理及效应[D].杨凌:西北农业大学,1999.

[8] Bragg P L, GOVI G, Cannell R Q. A comparison of methods, including angled and vertical minirhizotrons, for studying root growth and distribution in a spring oat crop[J]. Plant and Soil, 1983,73.

[9] Li C X, Sun J S, Li F S, et al. Response of root morphology and distribution in maize to alternate furrow irrigation[J]. Agricultural water management, 2011,98.

[10] Costa C, Dwyer L M, Hamilton R I, et al. A sampling method for measurement of large root systems with scanner-based image analysis[J]. Agronomy Journa, 2000,192.

[11] Crocker T L, Hendrick R L, Ruess R W, et al. Substituting root numbers for length: improving the use of minirhizotrons to study fine root dynamics[J]. Applied Soil Ecology,2003,23(2).

[12] Davies W J, Wilkinson S, Loveys B. Stomatal control by chemical signalling and the exploitation of this mechanism to increase water use eff iciency in agriculture[J]. New Phytologist, 2002,153.

[13] Eapen D, Barroso M L, Ponce G, et al. Hydrotropism: root growth responses to water[J]. Trends Plant Science, 2005,10.

[14] Feddes R A, Kowalik P J, Zaradny H. Simulaiton of Field Water Use and Crop Yield[J]. John Wiley&Sons, New York, NY,1978.

[15] Grant R F. Simulation in ecosys of root growth response to contrasting soil water and nitrogen[J]. Ecological Modelling,1998,107.

[16] Hendrick R L, Pregitzer K S. Applications of minirhizotrons to understand root function in forests and other natural ecosystems[J]. Plant and Soil,1996,185.

[17] Johnson M G, Tingey D T, Phillips D L, et al. Advancing fine root research with minirhizotrons[J]. Environmental and Experimental Botany, 2001,45.

[18] Jose S, Gillespie A R, Seifert J R, et al. Comparison of minirhizotron and soil core methods for quantifying root biomass in a temperate alley cropping system[J]. Agroforestry Systems,2001,52.

[19] Kang S Z, Zhang J H, Liang Z S. Combined effects of soil water content and temperature on plant root hydraulic conductivity[J]. Acta Phytoecologica Sinica,1999,23.

[20] Kyotaro Noguchi, Tadashi Sakata, Takeo Mizoguchi, et al. Estimation of the fine root biomass in a Japanese cedar (Cryptomeriajaponica) plantation using minirhizotrons[J]. The Japanese Forestry Society and Springer-Verlag Tokyo,2004,9.

[21] Kage H, Kochler M, Stützel H. Root growth and dry matter partitioning of cauliflower under drought stress conditions: measurement and simulation[J]. European Journal of Agronomy,2004,20.

［22］Liang A H, Ma F Y, Liang Z S,et al. Studies on the physiological mechanism of functional compensation effect in maize root system induced by re-watering after draught stress［J］. Journal of Northwest Sci-Tech University of Agriculture and Forestry (Natural Science edition),2008,36.

［23］Liang Z S, Kang S Z, Gao J F, et al. Effect of abscisic acid (ABA) and alternative split root osmotic stress on root growth and transpiration efficiency in maize［J］. Acta Agronomica Sinica,2000a,26.

［24］Liang Z S, Kang S Z, Shi P Z,et al,. Effect of alternate furrow irrigation on maize production, root density and water-saving benefit［J］. Scientia Agricultura Sinica,2000b. 33.

［25］Li Q M, Liu B B, Comparison of three methods for determination of root hydraulic conductivity of maize (Zea mays L.) root system［J］. Agricultural Sciences in China,2010. 9.

［26］Li F S, Yu J M, Nong M L, et al. Partial root-zone irrigation enhanced soil enzyme activities and water use of maize under different ratios of inorganic to organic nitrogen fertilizers［J］. Agricultural Water Management,2010,97.

［27］Margaret E, McCully. Roots in soil:unearthing the complexities of roots and their rhizospheres［J］. Annual Review Plant Physiology and Plant Molecular Biology,1999,50.

［28］Mackay A D,Barber S A. Effect of cyclic wetting and drying of a soil on root hair growth of maize roots［J］. Plant and Soil,1987,104.

［29］Norwood M, Toldi O, Richter A, et al. Investigation into the ability of roots of the poikilohydric plant Craterostigma plantagineum to survive dehydration stress［J］. Journal Experimental Botany,2003,54.

［30］Saini H S, Westgate M E. Reproductive development in grain crops during drought［J］. Advances in Agronomy,2000,68.

［31］Šimůnek J, Šejna M, van Genuchten M Th. The HYDRUS Software Package for Simulating the Two-and Three-Dimensional Movement of Water, Heat and Multiple Solutes in Variably-Saturated Media［J］. User Manual, Version 1. 0, PC Progress, Prague, Czech Republic,2007.

［32］Shaozhong Kang,Zongsuo Liang. Wei Hu. et al. Water use efficiency of controlled alternate irrigation on root-divided maize plants［J］. Agric. Water Manage,38.

［33］Vamerali T, Ganis A, Bona S,et al. An approach to minirhizotron root image analysis［J］. Plant and Soil, 1999, 217.

［34］Vrugt J A, Hopmans J W, Šimůnek J. Calibration of a two-dimensional root water uptake model［J］. Soil Science Society of American Journal, 2001, 65(4).

［35］Vrugt J A, van Wijk M T, Hopmans J W, et al. One-, two-, and three-dimensional root water uptake functions for transient modeling［J］. Water Resource Research, 2002, 37(10).

［36］Wilkinson S, Davies W J. ABA-based chem ical signaling:the coordinat ion of responses to stress in plants. Plant［J］. Cell and Environment, 2002, 25.

第五章　交替隔沟灌溉条件下土壤水分传输

第一节　灌溉水流推进与入渗过程

田间水循环从入渗土壤开始,经过在根层中暂时的储存和再分布过程,最后以蒸发和植物根系吸收从土壤中排出去而结束。灌水方式对水分入渗及其土壤中的再分布产生影响。灌溉水从输水沟进入灌水沟后,在流动过程中主要借毛细管作用,通过湿周在垂直和水平两个方向上浸润土壤,与传统漫灌或畦灌相比,不会破坏作物根部附近的土壤结构,灌水后表土疏松,可避免板结和减少棵间土壤蒸发量。灌溉水流过程包括水流推进、土壤表面积水、入渗和明水消退四个阶段,每个阶段持续时间的长短与入沟流量和土壤的入渗特性等密切相关。在影响地面灌溉水流推进过程的因素中,入渗特性的重要程度仅次于入畦流量或单宽流量。因此,在入沟流量基本恒定的条件下,沟灌的水流推进与消退则主要取决于土壤的入渗特性。

土壤的入渗性能随时间而变化,与土壤原始干燥程度和土壤水吸力有关。一般在入渗的早期阶段,土壤入渗性能较高,尤其是土壤相当干燥时更是如此,随后逐渐以单值关系减小,直至入渗率接近于一定值。为了获取某一地块的田间土壤入渗参数,常采用入渗环或专用圆筒测渗仪在田块内选取多个代表点测定,以消除土壤空间变异的影响。然而,在实际灌水过程中,由于能堵塞土中孔隙的土粒被剥离,随水移动,以及土壤中空气逸出机制发生变化等,将影响这种定点法测得的土壤入渗参数应用于田间灌溉水流推进和入渗模拟的准确性。因此,专家们先后提出了一些利用灌溉水流推进及消退过程、地表水深等资料来估算土壤入渗参数的方法。

交替隔沟灌溉在灌水前上层土壤与下层土壤、干沟区与湿沟区的土壤含水量差异较大,垂直与水平两个方向上的水势梯度或吸力梯度比常规沟灌的大。研究认为,当灌水沟中水分入渗完毕后,常规沟灌垄上含水量变化微小,而固定隔沟灌溉和交替隔沟灌溉垄上含水量随时间延长有增大的趋势,但其到达最高点的时间要比灌水沟迟;交替隔沟灌溉与固定隔沟灌溉干沟中含水量基本无变化,与灌水前沟中含水量基本保持在同一水平。因此,认为水平方向水势梯度引起的侧渗是隔沟灌溉水分下渗深度变浅的主要原因。但也有研究认为,下垫面条件的改变对水流推进和入渗会产生影响,对覆膜条件下玉米研究表明,交替隔沟灌溉、固定隔沟灌溉和常规沟灌三种灌水方式在沿灌水沟各观测点上的水流推进时间基本相同,交替隔沟灌溉的水流推进速率并不比常规沟灌和固定隔沟灌溉的慢;而且沟灌方式间的灌水均匀系数也没有因隔沟灌溉的灌水量和作物耗水量的减小而表现出明显差异。但交替隔沟灌溉在灌水前土壤比较干燥,上层土壤水分流动不同于覆膜环境。为此,本书对不同沟灌方式下土壤入渗速率与水分消退的时间以及相同入沟流量下的灌溉水流推进速率进行了详细的试验测试。

水流推进试验于 2000~2001 年的 6~9 月在中国农业科学院农田灌溉研究所作物需水量试验场的大田中进行。试验地地块长度为 41 m,土壤为粉沙壤土,容重为 1.35 g/cm³,田间持水量为干土重的 24%。灌水方式分为常规沟灌、固定隔沟灌溉和交替隔沟灌溉三种方式。灌水控制下限统一定为田间持水量的 70%。入沟流量 0.968 L/s,由压力罐控制;灌水量用水表计量。为了观测灌溉水流的推进过程,灌水前沿沟中心线从沟首部起每隔 5 m 插入一根标尺,灌水时用秒表记录水流流经各观测点处的时间,并每隔 5 min 记录沟中水深,直至消退过程结束。待沟中水分全部入渗 6 h 后,沿沟在距沟首 5 m、20 m 和 35 m 处用取土烘干法测土壤含水量,取土深度 1.0 m,以分析不同沟灌方式的灌水均匀度情况;在距沟首 20 m 处的沟、垄(常规沟灌)和湿沟、垄、干沟(隔沟灌溉)连续用取土法测定土壤水分 3~5 d,分析灌后水分在土壤中的再分布情况。

一、土壤水分入渗参数的估算方法

(一)沟灌条件下田间土壤入渗参数的简易试验估算方法

土壤入渗特性是决定沟灌灌水性能(灌水效率和灌水均匀度)的重要参数之一,通过控制入沟水流的推进速率及改变供水方式可对其施加影响。在沟灌系统的设计、评价和管理中,必须知悉这种特性的空间情况。土壤入渗参数的估算方法在实践中不断改进。针对沟灌土壤入渗参数,Shepard 等(1993)提出了利用水流前锋推进到沟末端的时间和沟中平均过水断面面积估算 Philip 模型入渗参数的一点法;Elliott 等(1982)根据观测水流前锋推进到沟长中点、沟末端的时间及相应的沟首地表水深,对 Kostiakov-Lewis 入渗模型提出了估算土壤入渗参数的两点法。一点法只能对 Philip 入渗模型进行参数估算,一点法、两点法的观测、计算简单,但精度较低。因此,根据水量平衡原理,利用水流推进过程和沿沟长上若干点地表水深的变化过程,又提出了估算沟灌入渗参数的模式搜索技术法,经过不断地改进和提高,试算法或模式搜索技术法在计算精度上被认为是一种比较理想的土壤入渗参数估算方法。估算土壤入渗参数软件 Infilt v5 的开发,实现了应用模式搜索技术在估算水流推进值误差最小的最优化。与其他方法相比,软件 Infilt v5 的最大优点是仅需要入沟流量和水流推进过程数据,而将沟中的过水断面面积、湿周及最终的入渗速率等作为拟合参数对待,具有观测量少而估算精度高的优点。

用于求解逆向问题的模型由两部分构成。第一部分是描述入渗过程,即水分进入土壤的 Kostiakov-Lewis 公式;第二部分是逆向求解的沟中水流运动模型,该模型可将入渗公式与入沟流量、沟中地表水深和灌溉水流推进过程等参数联系起来。灌水沟中水流运动模型宜采用水动力学推进模型(由一个连续方程和一个动量方程组成)或水量平衡方程(由连续方程组成)。

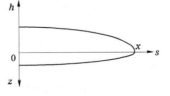

(二)水量平衡模型

在沟灌水流推进过程中,一般沟首的地表水深和入渗水量最大,水流前锋处的地表水深和入渗水量为 0,沿沟长方向愈接近水流前锋地表水深和入渗水量愈小,沟灌地表储水和土壤入渗水的轮廓如图 5-1 所

图 5-1　沟灌水流推进阶段地面水和入渗水分布轮廓示意图

示。图中，s 为沿沟长方向上距沟首的距离；x 为水流推进前锋的距离；h 为垂直沟中心线方向上的地表水深；z 为累积入渗水量，以水深表示。

当沟末端不存在径流时，基于两点法的水量平衡模型为

$$Q_0 t = V_i + V_s \tag{5-1}$$

式中：Q_0 为入沟流量，mm^3/min；t 为自水流进入沟首起的灌溉时间，min；V_i 为累积入渗的水量，mm^3；V_s 为暂时储存在地表上的水量，m^3。

沟灌土壤的入渗规律符合 Kostiakov-Lewis 入渗模型：

$$I_a = K\tau^a + f_0\tau \tag{5-2}$$

式中：I_a 为累积入渗量，m；a（无量纲）和 $K[m^3/(min \cdot m)]$ 为拟合的参数；f_0 为土壤稳定入渗速率，$m^3/(min \cdot m)$；τ 为水分渗入土壤的时间或机会时间，min。

为了估算沿沟长各点的累积入渗量，假设 $\tau = t - t_x$，则式（5-2）改写为

$$I_x = K(t - t_x)^a + f_0(t - t_x) \tag{5-3}$$

式中：I_x 为距沟首距离 $x(m)$ 处的入渗深度，m；t 为放水时间，min；t_x 为水流推进到距离 x 处所用的时间，min，x 与 t_x 之间遵循幂函数关系：

$$x = pt_x^r \tag{5-4}$$

式中：p 和 r 为经验参数。

沿沟长方向对整个湿润长度上的入渗水量进行积分，得到时间 t 时的总累积入渗量为

$$V_i = \int_0^x I_x \mathrm{d}x \tag{5-5}$$

引入沟表面以下的储水形状系数：

$$\sigma_z = \frac{\int_0^x I_x \mathrm{d}x}{I_0 x} \tag{5-6}$$

式中：I_0 为沟首入渗水深，m；σ_z 为沟表面以下的储水形状系数。

基于地表水流推进过程符合幂函数规律、土壤入渗规律符合 Kostiakov-Lewis 模型两个假定，得到 σ_z 和 V_i：

$$\sigma_z = \frac{a + r(1-a) + 1}{(1+a)(1+r)} \tag{5-7}$$

$$V_i = \sigma_z K t^a x + \frac{f_0 t x}{1+r} \tag{5-8}$$

引入地表储水形状系数 σ_y，V_s 可用下式计算：

$$V_s = \sigma_y A_0 x \tag{5-9}$$

式中：A_0 为沟首平均过水断面面积，m^2；σ_y 为地表储水形状系数，取值介于 $0.7 \sim 0.8$，本书取值 0.77。

将式（5-8）和式（5-9）代入式（5-1），得到水流推进前锋 x：

$$x = \frac{Q_0 t}{\sigma_y A_0 + \sigma_z K t^a + \dfrac{f_0 t}{1+r}} \tag{5-10}$$

(三)土壤入渗参数的估算

1. 幂函数曲线经验参数 p、r

用水量平衡法预测水流推进距离时,首先确定式(5-4)幂函数曲线中的经验参数 p 和 r。根据灌水试验过程中记录的水流前锋推进不同时间段的 n 组数据 t_i、x_i,用最小二乘法求解。

2. 土壤入渗参数 K、α 和 f_0

在灌水试验过程中,假定入沟流量 Q_0 保持恒定,A_0 为沟首过水断面面积取整个放水时段内的平均值,则对于不同的放水时间 t_i、t_j 和相应的水流前锋推进距离分别为 x_i、x_j,代入式(5-10)得到:

$$a = \frac{\log(m_j/m_i)}{\log(t_j/t_i)} \tag{5-11}$$

$$K = \frac{m_j}{\sigma_z t_j^a} \tag{5-12}$$

式中:m_i 和 m_j 为中间变量,其计算如式(5-13)、式(5-14)。

$$m_i = \frac{Q_0 t_i}{x_i} - \sigma_y A_0 - \frac{f_0 t_i}{1+r} \tag{5-13}$$

$$m_j = \frac{Q_0 t_j}{x_j} - \sigma_y A_0 - \frac{f_0 t_j}{1+r} \tag{5-14}$$

将 A_0 和 f_0 值作为拟合参数,由 Infilt v5 软件,采用直接搜索法中的爬山法进行多变量非线性规划优选,确定参数 A_0 和 f_0,进而求解式(5-12)中的入渗参数 K、α。非线性规划优选的目标函数为

$$\min \sum_{i=1}^{n} \left(x_{i\text{预测}} - x_{i\text{实测}} \right) \tag{5-15}$$

二、不同沟灌方式的水流推进方程

通过常规沟灌、固定隔沟灌溉和交替隔沟灌溉三种灌水方式的水流推进试验(见表5-1)可以看出,三种灌水方式水流前锋推进到沟尾所需时间的差异不明显,但较好地反映了趋势,即常规沟灌水流推进的速度最快,其次为固定隔沟灌溉,而交替隔沟灌溉的水流推进速度最慢。水流前锋推进到沟长约 1/2(20 m)处,固定隔沟灌溉和交替隔沟灌溉分别比常规沟灌多用了 0.19 min 和 0.71 min,而水流前锋推进到沟尾(40 m)处时,固定隔沟灌溉和交替隔沟灌溉则分别比常规沟灌多用了 0.18 min 和 1.16 min。可见,固定隔沟灌溉与常规沟灌在水流推进方面的差异很小,说明灌水沟土壤水分状况,尤其是土层土壤的干湿状况是影响土壤初始入渗和水流推进速度的主要原因,水平侧渗的影响相对而言不明显;对比常规沟灌,交替隔沟灌溉水流推进距离愈长,所需时间就愈多,这与灌水沟表层土壤较干燥、土壤初始入渗速率较大有关。

表 5-1　不同沟灌方式水流前锋推进距离与放水时间

水流前锋推进距离(m)	放水时间(min)		
	常规沟灌	固定隔沟灌溉	交替隔沟灌溉
5	0.25	0.25	0.25
10	0.87	0.92	1.07
15	1.34	1.41	1.95
20	2.16	2.35	2.87
25	3.10	3.30	4.04
30	4.30	4.60	5.65
35	5.60	5.94	7.00
40	7.00	7.20	8.35
41	7.50	7.68	8.66

根据表 5-1 中数据,得到如下沟灌水流推进拟合方程:

常规沟灌: $x = 11.88t_x^{0.63}$, $R^2 = 0.99$, 标准误差为 0.04;

固定隔沟灌溉: $x = 11.58t_x^{0.63}$, $R^2 = 0.99$, 标准误差为 0.04;

交替隔沟灌溉: $x = 10.63t_x^{0.61}$, $R^2 = 0.99$, 标准误差为 0.06。

由回归分析结果可以看出,沟灌水流前锋推进距离与放水时间之间呈现出很好的幂函数关系,相关系数接近 1,标准误差小于 0.06。在灌溉实践应用中,应针对不同灌水方式、不同表层土壤水分情况来确定水流推进方程。

三、不同沟灌方式土壤入渗参数的估算结果

利用模式搜索技术中的爬山法,采用 Infilt v5 分析软件进行优化计算,得到以下三组水流前锋推进距离的预测值与实测值的比较、预测的水流推进曲线(见图 5-2~图 5-4)。

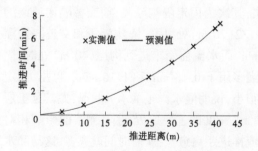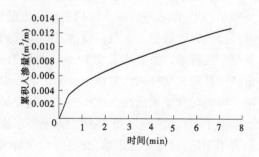

图 5-2　常规沟灌水流推进预测值与实测值比较及水流推进累积入渗量随时间变化

根据水量平衡方程,利用 Infilt v5 分析软件模拟计算得到的沟灌水流推进曲线与利

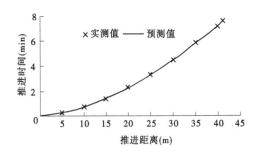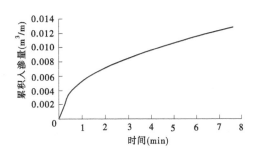

图 5-3　固定隔沟灌水流推进预测值与实测值比较及水流
推进阶段的累积入渗量随时间变化

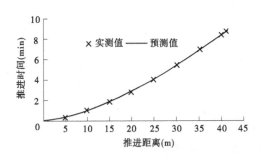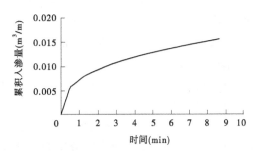

图 5-4　交替隔沟灌水流推进预测值与实测值比较及水流
推进阶段的累积入渗量随时间变化

用观测资料回归分析得到的水流推进曲线基本上完全重合在一起(见图 5-2~图 5-4),因此该法估算不同沟灌方式的土壤入渗参数是可行的,水流前锋推进过程的预测效果较好。

由于表层土壤干燥程度及水平方向吸力梯度的差异,不同沟灌方式之间土壤入渗参数存在着一定的差异(见表 5-2)。K 值,常规沟灌的最小,交替隔沟灌溉的最大,固定隔沟灌溉的介于二者之间;f_0 值的变化正好相反,常规沟灌的最大,固定隔沟灌溉的次之,交替隔沟灌溉的最小;α 值的变化与 K 值和 f_0 值的变化不同,固定隔沟灌溉的最大,交替隔沟灌溉的最小。

表 5-2　不同沟灌方式土壤入渗参数

处理	$K[\mathrm{m}^3/(\min \cdot \mathrm{m})]$	α(无量纲)	$f_0[\mathrm{m}^3/(\min \cdot \mathrm{m})]$
常规沟灌	0.004 37	0.359 41	0.000 165
固定隔沟灌溉	0.005 25	0.422 46	0.000 07
交替隔沟灌溉	0.007 37	0.345 20	0.000 01

对式(5-2)分别求解其一阶导数和二阶导数:

$$f = aKt^{a-1} + f_0 \tag{5-16}$$

$$\mathrm{d}f/\mathrm{d}t = a(a-1)Kt^{a-2} \tag{5-17}$$

式中:f 为土壤入渗速率, $m^3/(min \cdot m)$; df/dt 为土壤入渗速率随时间的衰减速度, $m^3/(min \cdot m)$。为了分析方便和直观起见,假定 $t=1$ min,则可得到不同沟灌方式的 f 和 df/dt(见表 5-3)。

表 5-3　$t=1$ min 时不同沟灌方式的土壤入渗速率及其衰减速度

处理	常规沟灌	固定隔沟灌溉	交替隔沟灌溉
f	0.001 735	0.002 288	0.002 554
df/dt	−0.001 01	−0.001 28	−0.001 67

由表 5-3 的计算结果可以看出,当 $t=1$ min 时,土壤入渗速率以交替隔沟灌溉的最大,其次为固定隔沟灌溉,常规沟灌溉的最小。这一结果说明:在灌水沟表层土壤干燥程度基本相同的情况下(常规沟灌与固定隔沟灌溉),水平吸力梯度的大小对土壤的入渗速率存在着一定的影响,其初始入渗速率有增大的趋势;交替隔沟灌溉灌水沟的表层土壤比常规沟灌和固定隔沟灌溉都干燥,因此初始入渗速率较高。比较而言,表层土壤干燥度对沟灌开始后一段时间内入渗速率的影响要大于水平吸力梯度的影响。当 $t=1$ min 时,土壤入渗速率衰减速度的绝对值又以交替隔沟灌溉的最大,常规沟灌的最小,说明交替隔沟灌溉的土壤初始速率虽然比较大,但随时间的衰减也比较快。结合表 5-2 不同沟灌方式的 f_0 值也可以看出,经过足够长的入渗时间后,常规沟灌的入渗速率将趋于一较高的稳渗值,而交替隔沟灌溉的稳渗速率接近零,说明同样结构和质地的土壤,因表层干燥程度和灌水方式不同或土壤水分空间分布的差异也会导致土壤的稳渗性能发生变化。土壤黏粒吸水膨胀堵塞孔隙、气阻或水平吸力梯度存在使水流流程发生变化及土壤黏粒吸附力增大等可能是引起上述情况的原因所在。但根据民间俗语"冷水泡干馍,一泡就散;冷水泡湿馍,成团不散"的说法,认为干土入渗,土壤团粒结构破碎,黏粒堵塞土壤孔隙,入渗水流流程发生变化可能是引起不同沟灌方式土壤入渗参数发生变化的主要原因。

由于表层土壤干燥程度及水平方向吸力梯度的差异,不同沟灌方式之间土壤入渗参数的确存在着一定的差异。K 值,常规沟灌的最小,交替隔沟灌溉的最大,固定隔沟灌溉的介于二者之间;f_0 值的变化正好相反,常规沟灌的最大,固定隔沟灌溉的次之,交替隔沟灌溉的最小;α 值的变化与 K 值和 f_0 值的变化不同,固定隔沟灌溉的最大,交替隔沟灌的最小。

第二节　灌水沟水面的消退过程

常规沟灌单沟灌水量为 1.10 m^3,比隔沟灌溉单沟灌水量低 0.37 m^3,因此常规沟灌的沟面明水消退较快;而固定隔沟灌溉与交替隔沟灌溉的单沟放水时间相同、灌水量相等,但沟面明水消退历时却有了非常大的差异,在对应的各观测点处,交替隔沟灌溉的沟面明水完全入渗后所需时间比固定隔沟灌溉多 20 min 以上(见表 5-4)。将单沟总灌水量平均到每米沟长上,利用 Kostiakov-Lewis 入渗模型反算单位沟长灌水量完全渗入土壤所需时间,结果与实测值基本接近,说明用上述方法计算得到的土壤入渗参数精度较高,证明交替隔沟灌溉的入渗速率随时间衰减的幅度较大,灌水开始时入渗快,后期入渗速率低。

表 5-4　不同沟灌方式沟面明水消退历时

距沟首长度 （m）	消退历时（min）		
	常规沟灌	固定隔沟灌溉	交替隔沟灌溉
0	50.5	70.0	92.0
5	53.0	70.0	92.0
10	54.0	71.0	92.0
15	54.0	72.0	93.0
20	55.5	73.5	95.0
25	56.5	73.5	96.0
30	57.3	75.0	97.5
35	58.6	76.0	100.0
40	61.0	78.0	102.5

　　土壤孔隙中的流体包括土壤空气和水分两部分。水分向土壤中入渗是入渗水流驱替土壤空气的过程，在这一过程中两种流体的运动通常相互干扰，水分入渗使土壤中的空气受到禁锢，同时产生一些物理变化，而禁锢的土壤空气又会阻碍入渗水流的运动，且随入渗时间的延长，禁锢空气压力的减渗量增大。据此分析不同隔沟灌溉方式的土壤入渗，固定隔沟灌溉的灌水沟土壤在灌水前比交替隔沟灌溉的灌水沟土壤湿润，土壤含水量相对较高，土壤空气含量相对少些，水分入渗的气阻也会小些。另外，灌水沟土壤空气排出的难易程度也不一样，固定隔沟灌溉的未灌水沟土壤干燥，空气孔隙的连通性较好，灌水沟土壤中禁锢空气的侧向排出相对容易一些。而交替隔沟灌溉的情况正好相反，灌水沟气阻大，空气排出相对较难，所以随时间延长，土壤的入渗速率减低。因此，可以得到如下结论：Infilt v5 分析软件可以较好地用于沟灌条件下土壤入渗参数的估算；交替隔沟灌溉的土壤初始入渗速率较大，水流推进速率比常规沟灌和固定隔沟灌溉的都慢；交替隔沟灌溉的入渗速率随时间的衰减速度较快，在单沟灌水量相同的情况下地面水消退历时更长一些。

第三节　灌水均匀度

　　灌水均匀度指的是灌溉水在实际受水田块上的分布情况。对于沟灌，灌水均匀度可理解为灌水入渗量沿灌水沟中心线在沟长方向的分布情况，通常仅以垂直方向上的入渗水量分布作为评价的依据，而对于侧向渗入垄中土壤的水量可假设为沿沟长方向不变。Merriam-Keller 法是评价灌水均匀度指标的简化方法，该法将灌水分配均匀度定义为：田块末端 1/4 田块长度上的平均入渗深度与整个受水地块上的平均入渗深度的比值。表 5-5 是灌水前和灌水沟停渗 6 h 后，沿灌水沟中心线距沟首 5 m、20 m 和 35 m 处用前后两次剖面土壤水分的测定结果计算得到的不同灌水方式的垂直入渗水量，用三个观测点测得的平均值代表整条灌水沟的平均入渗水量,用35 m处的结果代表沟末端1/4段的平均入渗水量。

表5-5　不同沟灌方式灌水分配均匀度情况

距离(m)	灌溉水垂直入渗量(mm)		
	常规沟灌	固定隔沟灌溉	交替隔沟灌溉
5	41.83	49.02	50.46
20	41.72	48.87	50.22
35	41.66	48.74	50.04
平均	41.737	48.877	50.240
灌水分配均匀度	0.998 2	0.997 2	0.996 0

对照表5-1和表5-5,水流推进到沟尾所需时间较长的灌水均匀度稍低;水流推进得愈快,沟灌的灌水均匀度就愈高。由于灌水沟的沟长较短,且在沟尾端的土埂防止了径流产生,因此不同灌水方式对灌水均匀度几乎没有产生影响。如果仅以单个灌水沟为计算单元,则常规沟灌的灌水量为45 mm,固定隔沟灌溉和交替隔沟灌溉的灌水量均为60 mm。假设三种灌水方式沿沟长方向的平均入渗量与其各自的灌水量相等,从表5-5可以看出,三种灌水方式都存在着侧渗,在灌水沟水分入渗完毕6 h后,常规沟灌、固定隔沟灌溉和交替隔沟灌溉的侧渗量占总入渗量的比例分别为7.25%、18.54%和16.27%。可见,固定隔沟灌溉的最大,交替隔沟灌溉的次之,常规沟灌的最小,说明水平方向吸力梯度的大小对灌后土壤水分的再分布会产生明显的影响。固定隔沟灌溉,由于非灌水沟长期处于比较干燥的状态,水平方向上的土壤吸力梯度较大,因此侧向入渗的水量也比较大;交替隔沟灌溉,灌溉的是上次未灌水的较干燥沟,灌水后同一层次水平方向上的吸力梯度低于固定隔沟灌溉的,但又高于常规沟灌的,因此在整个剖面上的侧向入渗的水量稍低于固定隔沟灌溉的,但又明显地高于常规沟灌的情况。在灌水沟沟长较短且在沟尾端有土埂的情况下,不同灌水方式对灌水均匀度几乎不会产生任何影响。

第四节　土壤水分再分布

灌溉水渗入土壤后,除一部分水分经由表面蒸发散失和通过作物根系吸收消耗外,另一部分水分将在水势梯度的作用下由水势高的地方移向水势低的地方。与畦灌的一维垂直入渗不同,沟灌土壤在垂直和水平两个方向上都存在着较大的水势梯度,水分在下渗的同时向两侧垄中的土壤渗透。

一、不同沟灌方式土壤水分在垂直剖面上的再分布过程

不同沟灌方式的湿润深度不同,虽然常规沟灌的单沟灌水量比隔沟灌溉的小,但由于相邻两沟都灌水,灌水总量大,侧向入渗相对不是很明显,因此湿润深度最深,湿润锋面可达70 cm土层以下,说明常规沟灌土壤水分主要是在剖面的垂直方向上运动,灌水产生深

层渗漏的概率比较大。固定隔沟灌溉,虽然灌水沟的剖面土壤含水量与常规沟灌相近,但湿沟与干沟之间的水平吸力梯度大,侧向入渗量较多,因此湿润锋的深度比常规沟灌略浅一些,对根系的均衡发育和养分的吸收不利。交替隔沟灌溉的单沟灌水量与固定隔沟灌溉相同,但灌水沟 60 cm 以上土层的土壤含水量在灌水前比其他两种灌水方式都低,水分在剖面上的入渗类似于活塞运动,上层土壤的水平侧向入渗量比固定隔沟灌溉略大,湿润深度最浅,为 50~60 cm;未灌水沟剖面上的土壤水分虽然也未受到灌水沟灌水的影响,但其土壤含水量明显高于固定隔沟灌溉的干沟,说明交替隔沟灌溉有利于减少深层渗漏的发生概率,而且对根系发育和吸收的影响小。将灌溉水分入渗完毕后土壤水分再分布过程的水分剖面分为三个区:释水区、吸水区和含水量稳定区。土壤积水入渗完毕后,水分在剖面上的运动没有立即终止,入渗刚一结束,上层含水量接近饱和的土壤便开始释水,在重力和土壤水势梯度的作用下水分继续向土壤深层移动,含水量减小,处于脱湿状态,形成释水区;而释水区以下到入渗湿润锋面之间的土层则含水量仍在增加,处于吸湿状态成为吸水区;湿润锋面以下的土层含水量稳定不变,为含水量稳定区。随着再分布时间的延续,释水区不断加深,湿润锋也逐渐下移,土壤含水量的分布曲线由比较陡直逐渐变为相对平缓,但湿润锋下移的速度缓慢,且湿润锋愈加不明显,再分布的速率逐渐减小。这是由于释水区的水分不断流入吸水区,使吸水梯度减小,释水区导水率降低,而且湿润锋处的吸力梯度也在减小。

对三种沟灌方式下土壤水分在垂直剖面上的再分布过程进行试验测试,在距灌水沟沟首 20 m 处土壤每 10 cm 土层水分(观测深度至 100 cm)进行观测(见图 5-5~图 5-7)。常规沟灌入渗结束 6 h 后,湿润锋位置已下移到 50~60 cm 土层,水分下移速度较快;之后表层 20 cm 土壤迅速释水,30~70 cm 土层处于吸湿状态,土壤含水量随时间延续逐渐增加,湿润锋也下移到了 70 cm 土层处;至入渗结束后 72 h 时,灌水入渗的土壤水分再分布过程仍在延续,40~60 cm 土层土壤水分增加明显,70~90 cm 土层的土壤含水量也在缓慢增加(见图 5-5)。固定隔沟灌溉处理,水分入渗结束 6 h 后,湿润锋位置与常规沟灌相似,下移至 50 cm 土层(见图 5-6),由于固定隔沟灌溉的单沟灌水量较大,表层 40 cm 的土壤储水量比常规沟灌多,因此在入渗结束后 6~48 h 内,30~60 cm 土层的土壤吸湿速度较快,土壤含水量随时间变化比较明显,湿润锋最终下移至 70 cm 土层;入渗结束 48 h 以后,除表层土壤湿度因蒸发蒸腾失水变化较快外,30 cm 以下土层土壤含水量增加幅度明显减小。在灌后 3 d 内,70 cm 以下土层的土壤含水量基本上保持不变。交替隔沟灌溉,虽然初始入渗速率较大,但由于灌水沟表层土壤非常干燥,入渗水量大都储存在表层土壤中(见图 5-8)。入渗结束后 6 h,湿润锋下移至 40 cm 土层,比常规沟灌和固定隔沟灌溉都浅;之后表层 20 cm 释水较快,但湿润锋下移深度有限,至入渗结束 72 h 时,湿润锋处在 60 cm 土层的位置,吸水区土层厚度较小,仅 30~50 cm 土层的吸水量相对多,50~60 cm 土层的土壤水分增加量很小,60 cm 以下土层的土壤水分保持不变。交替隔沟灌溉灌水至入渗结束后 72 h 时,以灌水入渗为主的水分再分布过程基本结束,向以蒸发失水为主的土壤水分再分布过程转变。

常规沟灌由于受到两侧沟灌水的影响,水分主要在剖面上做垂向运动,侧向渗入垄中土壤水量的比例较小,水分下渗深度较深,湿润锋位置在 70 cm 土层以下,且由灌水入渗

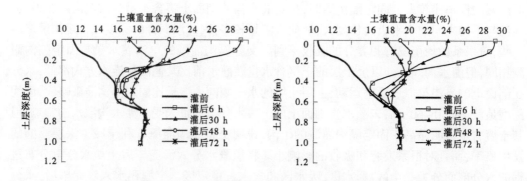

图 5-5　常规沟灌垂向土壤水分再分布　　图 5-6　固定隔沟灌溉垂向土壤水分再分布

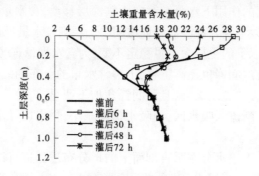

图 5-7　交替隔沟灌溉垂向土壤水分再分布

造成的土壤水分再分布过程持续时间较长;隔沟灌溉,由于没有相邻沟侧向入渗的影响,在灌水沟、垄和非灌水沟之间存在着明显的水势梯度,水分的侧向渗透比较明显。其中固定隔沟灌溉水分向垄中渗透的水量多于交替隔沟灌溉,但在上层土壤剖面同一层次上交替隔沟灌溉的侧向渗透水量多于固定隔沟灌溉。其原因在于两种隔沟灌溉的水分下渗深度不同,固定隔沟灌溉的湿润锋处在 60~70 cm 土层,而交替隔沟灌溉湿润锋比较明显的位置尚不到 60 cm 土层。两种隔沟灌溉方式均对未灌水沟的土壤水分没有产生影响,交替隔沟灌溉的干湿交替循环对根系的生长环境更有利,避免了部分土壤长期极度干燥的情况。

二、在剖面同一层次土壤水分的动态变化

根据土壤水分在垂直剖面上的动态变化,土壤水分的水平侧渗主要分析代表性的 0~30 cm 土层的土壤含水量变化(对于垄顶,则是 0~50 cm 土层)(见图 5-8~图 5-10)。同一水平层土壤含水量先随灌溉入渗时间延长而增大,入渗结束 48 h 以后,植物根系的吸收、蒸发,以及水分在土壤剖面上的再分布都开始呈现出缓慢的下降趋势,比较而言,交替隔沟灌溉 30 cm 土层接近其最高含水量值的速度最慢,固定隔沟灌溉要快得多。三种沟灌方式在灌水沟与垄之间都存在着水势梯度,水平方向水势梯度的存在使水分在产生下渗的同时侧渗进入垄中,这对于提高同一层次上的灌水均匀度和植物对水分的吸收来说都是有利的,垄中同一层次的土壤含水量在灌后 72 h 内均是随着时间的延续而增大的,

交替隔沟灌溉增大趋势表现最明显。结合土壤入渗参数分析可以看出,除灌水沟表层土壤的干湿程度影响外,水平侧渗的影响也可能会导致不同沟灌方式土壤入渗参数随时间变化而使衰减速率不同。

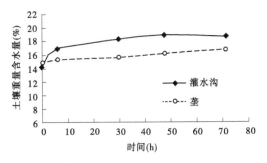

图 5-8　常规沟灌水平方向土壤水分变化

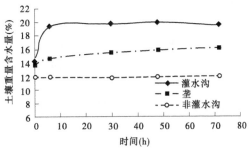

图 5-9　固定隔沟灌溉水平方向土壤水分变化

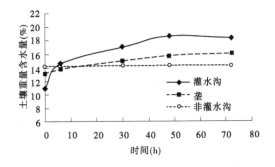

图 5-10　交替隔沟灌溉水平方向土壤水分变化

常规沟灌,当沟中水分入渗完毕后 6 h 内,沟中 0~30 cm 土层的土壤水分增加较快,此后仍处于缓慢的吸湿状态,至 48 h 土壤含水量达到最大值;48 h 以后,30 cm 土层的土壤开始由吸湿状态变为脱湿状态,水分向下运移,土壤含水量开始缓慢下降(见图 5-8)。常规沟灌垄中心同一水平层土壤含水量自沟中水分入渗完毕后的 72 h 内,在水平方向吸力梯度的作用下,由于两侧沟中土壤水分的侧向入渗补给,土壤含水量一直处在非常缓慢的增加状态,与沟中同一层次的土壤含水量逐渐接近。固定隔沟灌溉,由于单沟灌水量比常规沟灌大,因此在沟中水分入渗完毕后的 6 h 内,灌水沟表层 30 cm 土层的土壤含水量迅速增加,而后缓慢增加,在入渗完毕 48 h 左右土壤含水量达到最高值(见图 5-9)。固定隔沟灌溉的垄中心线处同一水平层次土壤含水量的变化趋势与常规沟灌相同,但由于水平方向上的吸力梯度较大,因此土壤含水量随时间变化增加的速率较常规沟灌快,变化比较明显;非灌水沟的土壤含水量在灌后基本上没有发生变化,与灌水前沟中含水量基本保持在同一水平。交替隔沟灌溉在未灌水沟同一层次的土壤含水量比固定隔沟灌溉明显偏高,更有利于根系的生长与吸水,但其在灌后的变化趋势与固定隔沟灌溉相同,也是与灌水前沟中含水量基本保持在同一水平,灌水沟中的水分仍然没有能够侧渗到非灌水沟的中心位置;虽然灌水沟的灌水量与固定隔沟灌溉的相同,但灌水沟同一层次的土壤水分变化速率却不同,交替隔沟灌溉 30 cm 土层的土壤含水量在沟中水分入渗完毕后的 48 h

内增加明显,处于明显的吸湿状态,而 48 h 以后的脱水速率比固定隔沟灌溉快(见图 5-10)。交替隔沟灌溉在垄中心处同一水平层次的土壤含水量随时间变化的增加值比固定隔沟灌溉要大。结合图 5-8 进行分析,交替隔沟灌处理的沟中水分入渗似乎更符合 Green-Ampt 提出的干土入渗的活塞或打气筒模型,湿润锋面相对陡直,表明交替隔沟灌溉更有利于侧向入渗,因此垄中同一层次土壤含水量的增加值相对大。

与常规沟灌和固定隔沟灌溉相比,采用交替隔沟灌溉技术供水更有利于防止深层渗漏的发生。在华北平原,夏玉米除苗期外的大部分生育阶段正处于雨季,在东北地区一年一季作物,玉米大部分生长季也处于雨季,相对而言,玉米灌水仅是为了满足生育期内因降水时空分布不均而造成的短期干旱时段的作物需水要求。所以,交替隔沟灌溉技术不仅可以节省灌溉水量、缩短灌水时间,而且更有利于提高天然降水的利用率,减少田间径流发生的概率和数量。

参考文献

[1] 缴锡云,文焰,雷志东.估算土壤入渗参数的改进 Maheshwari 法[J].水利学报,2001(1).

[2] 缴锡云,王文焰,雷志东.推求土壤入渗参数的改进 Esfandiari 法[J].西安理工大学学报,2000(2).

[3] 康绍忠,潘英华,石培泽.控制性作物根系分区交替灌溉的理论与试验[J].水利学报,2001(11).

[4] 雷志栋,杨诗秀,谢森传.土壤水分动力学[M].北京:清华大学出版社,1988.

[5] 李援农.恒定土壤空气阻力对土壤入渗的影响[J].西北农业大学学报,1995,23(3).

[6] 李援农.土壤入渗过程中空气压力变化规律的研究[J].西北农业大学学报,1995,23(6).

[7] 李援农,土壤入渗中气相对水流运动影响的研究[J].旱地区农业研究,2002,20(1).

[8] 潘英华,康绍忠.交替隔沟灌溉水分入渗规律及其对作物水分利用的影响[J].农业工程学报,2000,16(1).

[9] 潘英华,康绍忠.交替隔沟灌溉水分入渗特性[J].灌溉排水,2000,19(1).

[10] Wallker W R.地面灌溉系统的设计和评价指南[M].刘荣乐,译.北京:中国农业科技出版社,1992.

[11] 费良军,王文焰.由波涌畦灌灌水资料推求土壤入渗参数和减渗率系数[J].水利学报,1999,(8).

[12] 王文焰,等.波涌灌溉试验研究与应用[M].西安:西北工业大学出版社,1994.

[13] Hillel D.土壤和水——物理原理和过程[M].华孟,叶和才,译.北京:农业出版社,1981.

[14] Bautista E,Wallender W W. Spatial variability of infiltration in furrows[J]. Transactions of the ASAE, 1985, 28(6).

[15] Elliott R L,Walker W R. Field evaluation of furrow infiltration and advance functions[J]. Transactions of the ASAE, 1982, 25(2).

[16] Esfandiari M, Maheshwari B L. Application of the optimization method for estimating infiltration characteristics in furrow irrigation and its comparison with other methods[J]. Agric. Water Manage,1997, 34.

[17] Fok Y S, Bishop A A. Analysis of water advance in surface irrigation[J]. Irrig. and Drain. Div, ASCE, 1965,91(1).

[18] Hodges M E, Stone J F,Garton J E, et al. Variance of water advance in wide-spaced furrow irrigation [J]. Agric. Water Manage,1989,16.

[19] Izadi B,Wallender W W. Furrow hydraulic characteristics and infiltration[J]. Transactions of the ASAE, 1985, 28(6).

[20] Kang S Z. Soil water distribution, uniformity and water-use efficiency under alternate furrow irrigation in arid areas[J]. Irrigation Science, 2000, 19.

[21] Maheshwari B L, et al. An optimization technique for estimating infiltration characteristics in border irrigation[J]. Agric. Water Manage, 1988, 13.

[22] Maheshwari B L, et al. Sensitivity analysis of parameters of border irrigation models[J]. Agric. Water Manage, 1990, 18(1).

[23] Musick J T, Dusek D A. Alternate-furrow irrigation of fine textured soils[J]. Trans. of the ASAE, 1974, 17.

[24] Shayya W H, Bralts V F, Segerlind L J. Kinematic-wave furrow irrigation analysis: a finite element approach[J]. Transactions of the ASAE, 1993, 36(6).

[25] Shepard J S. One point method for estimating furrow infiltration[J]. Trans. of the ASAE, 1993, 36.

[26] Trout T J. Flow velocity and wetted perimeter effects on furrow infiltration[J]. Transactions of the ASAE, 1992, 35(3).

[27] Yvan E G, Eisenhauer D E, Elmore R W. Alternate-furrow irrigation for soybean production[J]. Agric. Water Manag, 1993, 24.

第六章　交替隔沟灌溉条件下土壤热分布

地面光温是作物生长的重要土壤环境参数,其分布为地—气能量传输乃至陆面气候变化研究的基础内容,土壤含水量和土壤温度都是影响土壤热特性的可控因素,土壤光热能的改变,将影响到土壤养分分解、作物生长、土壤微生物活性、土壤碳呼吸等。地面光温对土壤物理过程的影响主要表现在土壤—植物—大气系统的水气循环过程,土壤水势存在温度效应,土壤持水量随温度升高而减少,从而引起作物叶水势增大,进而导致大气水势的降低。在干旱半干旱地区,土壤表面温度存在显著的季节性和昼夜频繁变化,直接影响土壤水的蒸发与入渗过程,同时干旱区域地面对光照的接收与反射也不同于湿润地区。因此,地面光温分布与土壤水分运移是两个相互作用的重要过程。在田间尺度,地面光热不仅受土壤水分的影响,还取决于地面结构,对于地面起伏波动的沟灌裸地,在一天中随着太阳入射角度的不同,沟底、垄顶和坡面处所接收的光热也不同。可见,不同沟灌方式下的地面光温分布存在动态非均衡性,在作物生长条件下,这种光温均衡性的影响因素更为复杂,研究认为,交替隔沟灌溉条件下的土壤水分均匀性与常规沟灌差异不具有统计学意义,但由于土壤水热相互作用及土壤水分的自然运动规律,决定了交替隔沟灌溉方式更容易引起上层土壤环境变化,特别是地表温度和接收的太阳辐射的变化。因此,本章主要探讨常规沟灌和交替隔沟灌溉方式下地面光温分布情况,厘清栽培和沟灌方式对地面光热资源的利用效果。

土壤热分布主要探讨土温和地表辐射强度的变化,土壤热分布试验于 2009~2010 年 4~8 月在中国农业科学院农田灌溉研究所作物需水量试验场(河南新乡)进行。试验设置为常规沟灌和交替隔沟灌溉两个处理,灌水下限均控制在 75% 田间持水量,每个处理 3 次重复,小区面积 100 m²(7.4 m×13.5 m),其中交替隔沟灌溉处理分南北沟向和东西沟向两种栽培方式,常规沟灌处理为南北沟向种植,沟灌垄植春玉米,沟垄断面结构为半圆形(见图 3-1)。地面太阳总辐射采用 LI-190SB 型光量子传感器(Li-Cor Ine. ,USA)测定,土壤温度由温度计测定。交替隔沟灌溉选湿沟底、湿坡、垄顶、干坡和干沟底 5 个观测点,常规沟灌选沟底、坡和垄顶 3 个观测点。东西沟向土温观测深度分别为 0、5 cm、10 cm、15 cm、20 cm,南北沟向土温观测深度分别为 0、5 cm、10 cm、15 cm、20 cm、40 cm、60 cm、100 cm。

第一节　不同沟灌方式下地面光辐射分布

根据沟灌春玉米田的地面太阳辐射实测数据分析,地面太阳总辐射日变化呈单峰型曲线,峰值出现在 13:00 左右。东西沟向地面吸收的太阳总辐射量高于南北沟向,东西沟向时干燥部位接收的太阳辐射量高于湿润部位,南北沟向时垄位的太阳辐射量最高、湿沟

底的太阳辐射量最低,多云天气时地面太阳辐射量小于晴天。在春玉米叶面积指数
(LAI)达到最大值(6月30日)之前地面不同点位处,干燥沟底吸收的太阳辐射量最大,后
期垄顶吸收的太阳辐射量最大。南北沟向的垄顶吸收的日平均太阳辐射量最大,其次是
干燥沟底,湿润沟底最小,垄位、湿沟和干沟的地面日均太阳辐射量分别为 446.10
W/m^2、398.40 W/m^2、427.02 W/m^2;东西沟向种植时,垄位、湿沟和干沟的地面日均太阳
辐射量分别为 482.50 W/m^2、490.78 W/m^2 和 496.76 W/m^2,地面接收的日均太阳总辐射
量大于南北沟向 35.29~122.37 W/m^2(见图 6-1)。可以看出,南北沟向时地面不同点位
的太阳辐射量差异大于东西沟向,南北沟向的地面遮阴区可能是引起地面辐射量差异的
主要原因,随着玉米冠层覆盖度的增大,玉米生长后期的地面太阳辐射量明显降低。

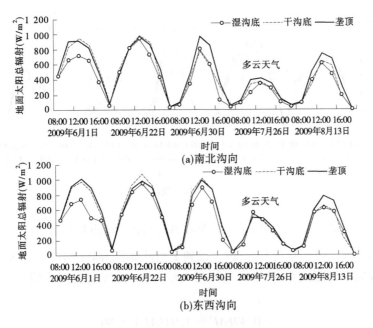

图 6-1　不同种植沟向地面太阳辐射变化

灌水方式影响地面吸收的太阳辐射量,交替隔沟灌溉的地面太阳辐射量高于常规沟
灌(日差值为 12.23~29.10 W/m^2),交替隔沟灌溉的干燥区域地面太阳辐射量高于灌水
区域;常规沟灌,在上午东侧坡面处于太阳直射区,其辐射量最大,下午东侧坡辐射量下降
最快(见图 6-2)。

太阳辐射冠层透过率(τ)是地面光温分布计算中的重要参数。τ 值与太阳辐射的日
变化规律一致,在春玉米苗期,τ 值在 80%以上;在玉米抽穗期,τ 值在 20%左右;而到玉
米成熟期,τ 值为 35%左右。交替隔沟灌溉与常规沟灌的冠层辐射透过率,在玉米苗期无
明显差异,由于交替隔沟灌溉的叶面积指数小于常规沟灌,使得抽穗和成熟期交替隔沟灌
溉的 τ 值分别高出常规沟灌的 15.62%、8.27%。因此,交替隔沟灌溉提高了太阳辐射透
过率。在作物生长期间,进入地面的太阳辐射为透过冠层的漏射辐射,τ 值的大小与冠层
覆盖度有关;随着太阳入射角度的变化,地面不同位置处的太阳辐射量也不同。因此,需

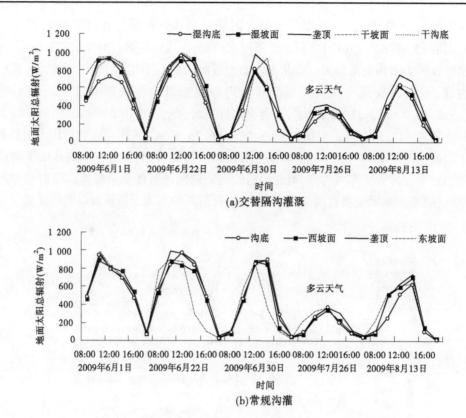

(a)交替隔沟灌溉

(b)常规沟灌

图 6-2　不同沟灌方式下地面太阳总辐射变化(南北沟向)

要对地面不同位置处的 τ 分别考虑,拟合得到 τ 与叶面积指数(LAI)呈二次曲线关系,τ 随叶面积指数的增大而减小,当 LAI 达到最大值时,τ 曲线出现最小值拐点(见图 6-3、图 6-4)。

$$\tau = 0.49LAI^2 - 1.94LAI + 2.50 \tag{6-1}$$

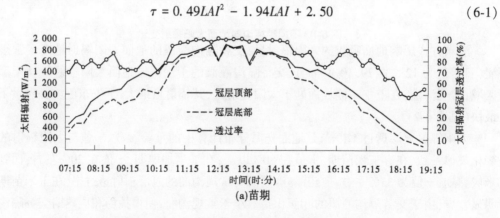

(a)苗期

图 6-3　交替隔沟灌溉春玉米不同生长期的太阳辐射冠层透过率(τ)日变化

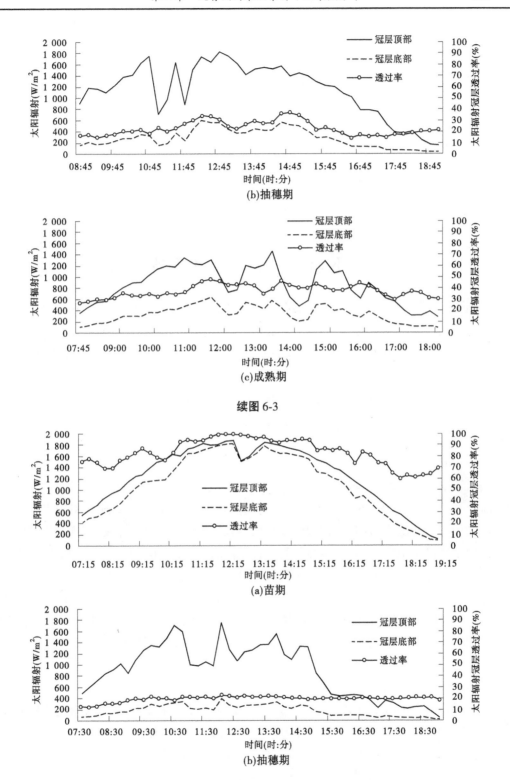

(b)抽穗期

(c)成熟期

续图 6-3

(a)苗期

(b)抽穗期

图 6-4　常规沟灌春玉米不同生长期的太阳辐射冠层透过率(τ)日变化

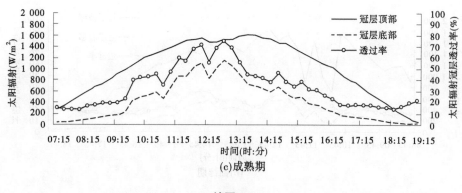

(c)成熟期

续图 6-4

第二节　不同沟灌方式下土壤温度分布

在干旱半干旱地区,作物根区土温存在显著的昼夜和季节性变化,干旱区域对光照的接收与反射也不同于湿润地区。对于地面起伏波动的沟灌农田,在一天中,随着太阳入射角度的不同,沟底、垄顶和坡面处所接收的光热也不同,特别是根区的近地面土温,受地形结构及光照的影响非常明显。栽培与管理方式影响作物根区土壤温度变化,其研究对指导农田耕作、栽培管理及陆面气候变化具有实际指导意义。

一、不同沟灌方式下土壤温度变化

(一)地表温度变化

根据沟灌春玉米田土壤温度实测数据分析,地表温度日变化同地面辐射变化趋势一致,都为单峰型曲线,峰值出现在 12:00~14:00。在玉米拔节期之前,地面不同点位处温度差异较大,高于冠层郁闭后。地表温度与所接收的太阳辐射密切相关,交替隔沟灌溉所接收的太阳辐射量比较大,地表温度也高于常规沟灌。另外,由于交替隔沟灌溉方式下非灌水区域的上层土壤比较干燥,降低了下层土壤水分的散失,有更多的能量用于增温,使得交替隔沟灌溉干燥沟的土温高于湿润沟(见图 6-5),两种沟灌下地表平均温差为 0.06~4.23 ℃。常规沟灌的土壤累积蒸发量大,土壤水的快速汽化、扩散可能使常规沟灌的地表太阳辐射输入得到削弱,也是引起交替隔沟灌溉地表温度较高的原因之一。

(二)0~1 m 根区土壤温度变化

1. 土壤温度日变化

通过春玉米不同生长阶段连续 3 d 的 0~1 m 地温日变化分析,地温日变化为宽峰曲线,在每日 14:00 左右达到最高温。在 6 月,玉米冠层未完全郁闭,交替隔沟灌溉与常规沟灌间的温差较大,多云或阴天温差为 3%~4%,晴天温差为 5%左右[见图 6-6(a)、(b)];在 7 月中旬之后,玉米冠层完全郁闭,交替隔沟灌溉土壤温度仍高于常规沟灌,但温差逐渐缩小至接近[见图 6-6(c)、(d)]。

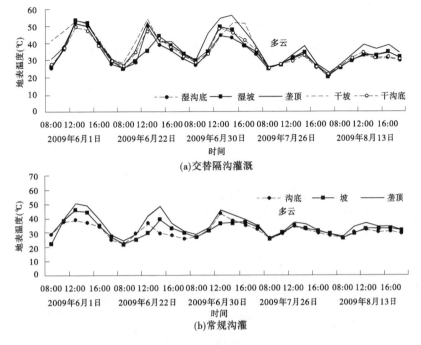

图 6-5　两种沟灌方式下地表不同点位处土温日变化

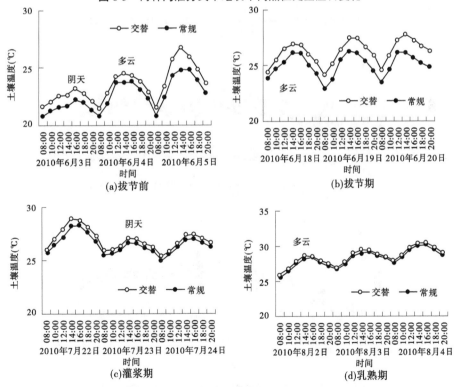

注：未标注的为晴天。

图 6-6　0~1 m 根区平均地温日变化（2010 年）

2. 相同土层的温度比较

观测两种沟灌方式下沟底、坡和垄顶三个点位处在0~1 m土层的温度,其中交替隔沟灌溉的沟底处土壤温度取干燥沟与湿润沟的平均值,坡处取干燥坡和湿润坡的平均值。

从0~20 cm土层温度变化看,在相同点位处,交替隔沟灌溉的土温都高于常规沟灌,点位温差关系为:坡>沟底>垄顶。无论何种沟灌方式,垄顶温度都最高,沟底最低。5月12日至7月11日期间,5 cm土壤在不同位置处的温度差异较大[见图6-7(a)、(b)];而10~20 cm,点位间土温波动较大的时段为6月1日至7月11日[见图6-7(c)、(d)];40~100 cm,点位间土温波动大的时段为6月中旬至7月末[见图6-7(e)、(f)]。上述时间段之外的不同沟灌方式点位间土温差异很小,与土层深度、玉米冠层郁闭程度和玉米生长后期大量降雨有关;从土温的逐日变化看,越靠近地表,灌溉方式对土温的影响越早,越是下层,灌溉方式对土壤温度影响时间延后(见图6-7)。

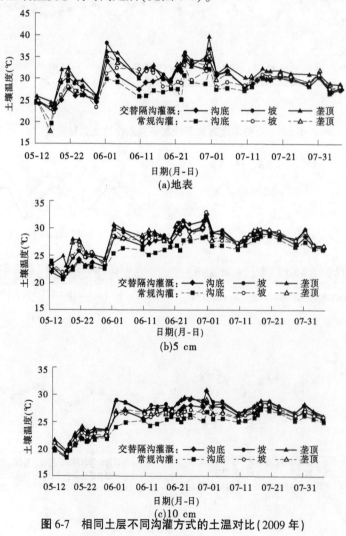

图6-7　相同土层不同沟灌方式的土温对比(2009年)

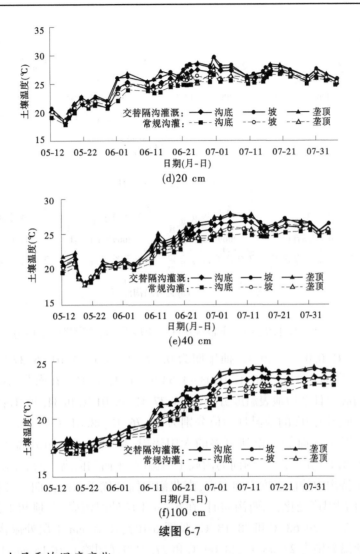

(d)20 cm

(e)40 cm

(f)100 cm

续图 6-7

3.0~1 m 土层平均温度变化

由图 6-8 可以看出,交替隔沟灌溉在沟底、坡和垄处的土温都高于对应的常规沟灌点位,在所有点位中垄位的土温最高、沟位最低(见图 6-8)。地表至 100 cm 土温逐层减小,总体上表现为交替隔沟灌溉高于常规沟灌,二者在沟位、坡位和垄位的平均温差分别为0.02~6.67 ℃、0~7.00 ℃和 0~6.83 ℃。其中,苗期为 0.02~4.03 ℃、0~5.68 ℃、0~6.83 ℃;拔节期为 0~4.08 ℃、0.03~7.0 ℃、0.03~2.50 ℃;抽雄期为 0.58~6.67 ℃、0.15~4.60 ℃、0.03~4.97 ℃;灌浆—成熟期为 0.03~1.43 ℃、0.03~1.43 ℃、0~2.40 ℃。交替隔沟灌溉在灌水区域的土温高于非灌水区域,在玉米生长期内湿沟与干沟平均温差为 0~6.20 ℃。

二、作物不同种植沟向的土壤温度变化

土温由地表至 20 cm 逐层降低,总体上表现为东西沟向土温高于南北沟向。二者在湿沟、垄位、干沟处的温差:苗期为 0~3.63 ℃、0~4.03 ℃、0~3.07 ℃;拔节期为 0~2.60

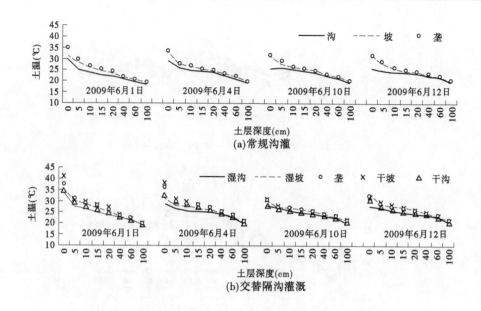

图 6-8　两种沟灌方式下根区 0~1 m 土层平均温度变化(2009 年)

℃、0.07~4.60 ℃、0.03~5.30 ℃;抽雄期为 0.47~4.60 ℃、0.10~5.37 ℃、0.30~6.57 ℃;灌浆—成熟期为 0.03~2.80 ℃、0.03~4.53 ℃、0~1.20 ℃。在南北沟向时湿润沟底、垄顶和干燥沟底的日平均地表温度分别为 33.77 ℃、38.01 ℃和 34.59 ℃;东西沟向时湿润沟底、垄顶和干燥沟底的地温日均值分别为 35.76 ℃、38.61 ℃和 38.05 ℃。因此,东西沟向种植情况下地面能够得到更多的太阳辐射,地表温度也明显高于南北沟向(见图 6-9)。比较南北沟向与东西沟向的沟底土壤温度,东西沟向高于南北沟向 2~3 ℃。从保持水分与维持沟中较低温度方面考虑,南北沟向播种优于东西沟向。分析不同种植沟向 5~20 cm 土层温度变化,东西沟向时,在 5 cm 土层处湿沟底、垄顶和干沟底的平均地温分别为 27.52 ℃、29.68 ℃和 28.18 ℃(见图 6-10);在 10 cm 土层处湿沟底、垄顶和干沟底的平均地温分别为 27.56 ℃、28.09 ℃和 27.31 ℃(图略);在 15 cm 土层处湿沟底、垄顶和干沟底的平均地温分别为 26.06 ℃、27.21 ℃和 26.61 ℃(图略);在 20 cm 土层处湿沟底、垄顶和干沟底的平均地温分别为 25.39 ℃、26.18 ℃和 25.63 ℃(见图 6-10)。南北沟向时,在 5 cm 土层处湿沟底、垄顶和干沟底的平均地温分别为 26.62 ℃、28.02 ℃和 27.28 ℃(见图 6-10);在 15 cm 土层处湿沟底、垄顶和干沟底的平均地温分别为 25.28 ℃、26.76 ℃和 25.66 ℃(图略);在 20 cm 土层处湿沟底、垄顶和干沟底的平均地温分别为 24.73 ℃、25.84 ℃和 24.84 ℃(见图 6-10)。从 0~20 cm 土层温度看,东西沟向土温高于南北沟向,其中 5 cm 土层在湿沟底、垄顶和干沟底处两种沟向的平均温差分别为 1.14 ℃、1.91 ℃和 1.07 ℃;15 cm 土层在湿沟底、垄顶和干沟底处两种沟向的平均温差分别为 0.80 ℃、0.47 ℃和 0.84 ℃;20 cm 土层在湿沟底、垄顶和干沟底处两种沟向的平均温差分别为 0.75 ℃、0.51 ℃和 0.82 ℃。可见,东西沟向时土温高于南北沟向,且土温自上至下呈降低趋势。

沟灌方式扩大了土壤表面积,改善了土壤光、热、水条件,协调作物赖以生存的小气

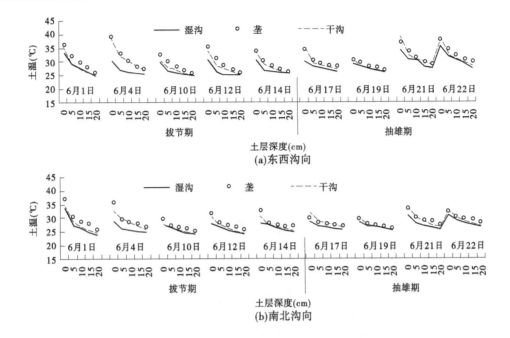

图 6-9　不同种植沟向的 0~20 cm 土温变化 (交替隔沟灌溉, 2009 年)

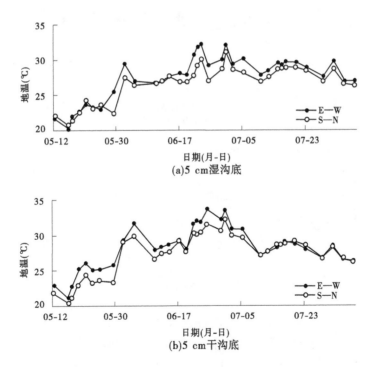

图 6-10　不同种植沟向的同层土温比较 (2009 年)

(东西 : E—W ; 南北 : S—N)

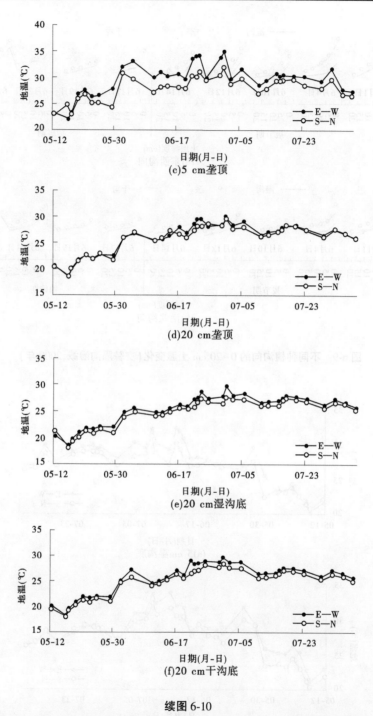

(c)5 cm垄顶

(d)20 cm垄顶

(e)20 cm湿沟底

(f)20 cm干沟底

续图 6-10

候,交替隔沟灌溉提高了水分利用效率和土壤通透性,克服了常规沟灌或平作的不利因素。根据植物生长需求,在高温干旱地区,选择适宜的沟向可以保墒调温,在高湿低温地区,合理的沟向可以排水调温。例如,在干旱、高温的播种期,可以选择南北沟向栽培,以保持苗期土壤水分,预防高温灼烧幼苗;在高湿、低温的阴雨季节,可以选择东西沟向栽培,使地面光照充足,还起到增温排水的效果;在日照不足、水资源紧缺地区,可选择东西沟向、交替隔沟灌溉方式等;也可以针对作物的不同生长阶段选择适宜的栽培与沟灌模式,为作物生长创造有利条件。

第三节 交替隔沟灌溉条件下地面光温分布模型

一、地面总辐射计算

(一)沟灌土壤剖面结构及边界方程

图 6-11 为沟灌地面顶视图和截面图,沟灌地表边界方程近似为余弦函数,其边界形状函数设为

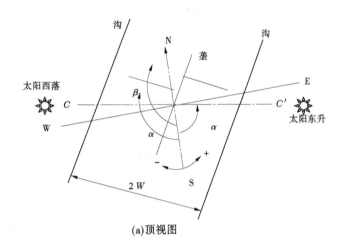

(a)顶视图

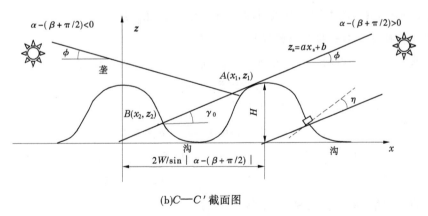

(b)C—C'截面图

注:α 为太阳方位角(向东为+,向西为-);β 为坡面方位角(向东为+,向西为-);γ_0 为坡面与水平面的倾角;η 为坡面法线与太阳光线之间的夹角,即天顶角;ϕ 为太阳高度角;$2W$ 表示两垄之间的距离。

图 6-11 地表平面图及剖面结构方位图

$$Z_s = H\cos\left(\frac{\pi x_s}{W}\right) \tag{6-2}$$

式中:W 是沟宽或垄宽,cm;H 为垄高,cm。

在一天的日出与日落期间,太阳使土壤垄—沟表面产生日晒与遮阴区域,在玉米生长初期,太阳辐射在日晒与遮阴区的差异非常大。裸土时土壤剖面结构与太阳光线位置关系为 $z_s = ax_s + b$,当太阳光线与坡面相切时,切点为 $A(x_{s1}, z_{s1})$,则与另一个坡面的交点 $B(x_2, z_2)$ 为日晒与遮阴区的分界点。在沟垄上的日晒区,当太阳光线 $z_s = ax_s + b$ 与沟的走向垂直时,坡面倾角 γ_0 表示为

$$\tan\gamma_0 = -\left(\frac{\pi h_c}{W}\right)\sin\left(\frac{\pi x_s}{W}\right) \tag{6-3}$$

式中:ϕ 为太阳高度角,$\tan\phi = -\left(\frac{\pi h_c}{W}\right)\sin\left(\frac{\pi x_s}{W}\right)$,而 $A(x_{s1}, z_{s1})$ 满足方程式(6-2),得到太阳光线方程为

$$z_{s2} = z_{s1} + \tan\phi(x_{s2} - x_{s1}) \tag{6-4}$$

同样,日晒与遮阴区的分界点 $B(x_{s2}, z_{s2})$ 点也满足式(6-2)。当太阳辐射光线不垂直于沟的走向时,光线穿过的瞬时沟宽 $W(t)$ 与横坐标 x' 表示为

$$W(t) = \frac{W}{\cos(\alpha - \beta)} \tag{6-5a}$$

$$x' = \frac{x_s}{\cos(\alpha - \beta)} \tag{6-5b}$$

在应用式(6-2)时,直接用 $W(t)$、x' 分别取代 W 和 x,即为任一时刻边界函数坐标值。

(二)地面总辐射计算方法

太阳总辐射(R_Q)由太阳散射辐射(R_d)和直接辐射(R_b)组成。

1. 裸地条件下地面太阳总辐射计算

在沟垄坡面上,假设散射短波辐射是不定向的。裸地太阳总辐射:

$$R_Q = R_d + R_b \tag{6-6}$$

R_d 和 R_b 的确定方法(Orgill 等,1977)为

$$R_d = \begin{cases} R_t(1.0 - 0.249K_T) & K_T < 0.35 \\ R_t(1.557 - 1.84K_T) & 0.35 \leqslant K_T \leqslant 0.75 \\ 0.177R_t & K_T > 0.75 \end{cases} \tag{6-7}$$

太阳直接辐射(R_b)计算(Sharratt 等,1992)

$$R_b = \cos\eta(R_t - R_d)/\sin\phi \tag{6-8}$$

式中:R_t 为实测短波辐射,W/m^2;K_T 为总透射比,定义为 $K_T = R_t/R_0$,R_0 为太阳辐射的每小时均值,W/m^2。当地面处于遮阴区时,式中 $R_b = 0$。

$$R_0 = S_{sc}E_0\{\sin\delta\sin\zeta + 0.9972\cos\delta\cos\xi\cos[15(2\pi/360)(t - t_{noon})]\}$$

式中：S_{sc} 为太阳常数，$1\,367\ \text{W/m}^2$；E_0 为地球轨道偏心率校正系数；δ 为太阳赤纬角，由一年中的日序确定；ξ 为纬度；t 为当地标准时间，h；t_{noon} 为 $\alpha = 0°$ 时的地方标准时间。

$$\cos\eta = \cos\gamma_0\sin\phi + \sin\gamma_0\cos\phi\cos(\alpha - \beta)$$

$$\sin\phi = \sin\xi\sin\delta + \cos\xi\cos\delta\cos\omega$$

式中：ω 为时角，$\omega = \dfrac{2\pi(t_N + 12)}{24}$，$t_N$ 为太阳时（以小时为单位）。

太阳方位角 α 为

$$\sin\alpha = \frac{\cos\delta\cos\omega}{\cos\phi}$$

2. 作物生长条件下地面太阳总辐射计算

作物生长条件下地面太阳总辐射计算引入系数 τ_p，则

$$R_Q = \tau_p(R_d + R_b) \tag{6-9}$$

式中：τ_p 为太阳辐射冠层透过系数（$0 \leqslant \tau_p \leqslant 1$），是与 LAI 有关的参数。

作物生长条件下地面接收的太阳辐射为漏射辐射，根据本研究对不同点位处的漏射辐射分析，$\tau_p = p_1 LAI^2 + p_2 LAI + p_3$。$p_1$、$p_2$ 和 p_3 分别取 0.40、-1.74 和 2.38；在坡位和沟位处，p_1、p_2 和 p_3 取值分别为 0.50、-2.13 和 2.65。

二、交替隔沟灌溉条件下地表温度计算

由地面能量平衡：$R_{ns} - \lambda E - G - H_s = 0$，其中，$G = \lambda\dfrac{T_s - T_d}{z_d}$，$H_s = \dfrac{\rho_a C_p(T_s - T_c)}{r_a^s}$，$R_{ns} = R_n e^{-kLAI}$，计算得到土壤表面温度分布模型：

$$T_s = \overline{F}Z_d(R_n e^{-kLAI} - \lambda E) + \overline{F}\lambda T_d \tag{6-10}$$

式中：$\overline{F}$ 为系数，$\overline{F} = \dfrac{r_a^s}{\lambda r_a^s + z_d\rho_a C_p}$；$R_{ns}$ 为地面太阳净辐射，W/m^2；λ 为汽化潜热；E 为土壤蒸发量，mm/d；G 为土壤热通量，W/m^2；H_s 为土壤面显热通量，W/m^2；T_s 为土壤表面温度，$℃$；T_d 为表层 z_d（cm）深度处的土壤温度，$℃$；ρ_a 为空气密度，$1.29\ \text{kg/m}^3$；C_p 为空气定压比热容，$1\,012\ \text{J/(kg}\cdot℃)$；$T_c$ 为冠层温度，$℃$；r_a^s 为土壤与冠层之间的空气动力学阻力，s/m；R_n 为冠层上方的太阳净辐射，W/m；LAI 为叶面积指数；k 为冠层消光系数，$k = -\dfrac{\ln\tau}{LAI}$。

交替隔沟灌溉条件下土壤表面不同位置处的温度除受气象条件影响外，还受土壤湿度的影响，λE 和 T_d 都为与土壤湿度有关的因素。

三、沟灌条件下地表光温分布计算结果

由式（6-9）和式（6-10）计算常规沟灌和交替隔沟灌溉方式下垄、坡面和沟处地面太阳总辐射和地表温度，地面太阳总辐射模拟值与实测值最大相差 $20\ \text{W/m}^2$，在晴天中午模拟值低于实测值，但在早、晚却高于实测值。在多云天气，模拟值比实测值偏高，地面辐射传

输模型未考虑冠层遮阴,这可能是引起模拟值与实测值误差的主要原因。在冠层叶面积指数达到最大以后,地温模拟效果更好(见表6-1)。

表 6-1　地面光温分布模型的模拟结果评价

测定项目	位置	交替隔沟灌溉			常规沟灌		
		绝对误差(℃)	标准差(℃)	拟合度	绝对误差(℃)	标准差(℃)	拟合度
太阳辐射	沟底	7.6±2.1	7.76	0.98	7.3±2.4	7.46	0.98
	坡	6.7±1.8	6.94	0.98	6.7±2.1	6.82	0.98
	垄顶	7.9±2.4	7.93	0.98	6.3±1.9	6.75	0.97
地温	沟底	0.51±0.05	0.72	0.90	0.31±0.06	0.56	0.97
	坡	0.21±0.12	0.45	0.99	0.27±0.09	0.52	0.98
	垄顶	0.40±0.08	0.63	0.94	0.40±0.08	0.63	0.95

参考文献

[1] 潘英华,康绍忠,杜太生,等.交替隔沟灌溉土壤水分时空分布与灌水均匀性研究[J].中国农业科学院,2002,35(5):531-535.

[2] 李毅,邵明安,王文焰,等.质地对土壤热性质的影响研究[J].农业工程学报,2003,19(4):62-65.

[3] 李超,刘厚通,迟如利,等.草地下垫面地表温度与近地面气温的对比研究[J].光学技术,2009,35(4):635-639.

[4] Ipbal M. An introduction to solar radiation[M]. Academic Press, Toronto,1983.

[5] Orgill J F,Hollands K G T. Correlation equation for hourly diffuse radiation on a horizontal surface[J]. Solar Energy,1977,19.

[6] Sharratt B S,Schwarzer M J,Campbell G S,et al. Radiation balance of ridge-tillage with modeling strategies for slope and aspect in the subarctic[J]. Soil Science Society of America Journal,1992,56.

[7] Shaw R H,Buchele W F. The effect of the shape of the soil surface profile on soil temperature and moisture[J]. Iowa State College Journal Science,1957,32.

[8] Spencer J W. Fourier series representation of the position of the sun[J]. Search,1971,2:172.

[9] Vining K C. Two-dimensional energy balance model for ridge-furrow tillage [Ph.D. diss.] Texas A&M University,College Station,TX. 1988.

第七章 交替隔沟灌溉条件下农田 水热传输模拟

交替隔沟灌溉条件下土壤水热传输,首先要解决土壤—大气边界上的水热通量问题,考虑沟灌土壤—大气界面条件的复杂性和数值计算中的稳定性,本书采用 Galerkin 有限元法,对沟灌农田土壤—植物—大气系统(SPAC 系统)水热传输进行数值求解。SPAC 系统水热传输模拟包括根区土壤水热传输、蒸发蒸腾、根系吸水、冠层汇源处能量分配等模块。

第一节 土壤水热传输模拟模型

土壤水热传输模拟模型分等温和非等温模型,等温模型适合描述土壤不十分干燥情况下的水热传输过程,当土壤含水量较低时采用等温模型的误差比较明显。考虑到交替隔沟灌溉的部分土壤比较干燥,适合采用非等温模型,假定土壤均质、各向同性,玉米生长期土壤水热耦合的非等温控制方程为

$$\frac{\partial \theta}{\partial t} = \frac{\partial}{\partial x}\left(D_{\mathrm{w}}\frac{\partial \theta}{\partial x} + D_{\mathrm{Tv}}\frac{\partial T_{\mathrm{s}}}{\partial x}\right) + \frac{\partial}{\partial z}\left(D_{\mathrm{w}}\frac{\partial \theta}{\partial z} + D_{\mathrm{Tv}}\frac{\partial T_{\mathrm{s}}}{\partial z}\right) - \frac{\partial K(\theta)}{\partial z} - S(x,z,t) \tag{7-1}$$

$$C_{\mathrm{v}}\frac{\partial T_{\mathrm{s}}}{\partial t} = \frac{\partial}{\partial x}\left(K_{\mathrm{h}}\frac{\partial T_{\mathrm{s}}}{\partial x} + \rho_{\mathrm{w}}\lambda K_{\mathrm{v}}\frac{\partial h}{\partial x}\right) + \frac{\partial}{\partial z}\left(K_{\mathrm{h}}\frac{\partial T_{\mathrm{s}}}{\partial z} + \rho_{\mathrm{w}}\lambda K_{\mathrm{v}}\frac{\partial h}{\partial z}\right) - S_{\mathrm{H}} \tag{7-2}$$

一、定解条件

(1) 初始条件。

$$\theta(x,z,0) = \theta_0 \tag{7-3}$$

$$T_{\mathrm{s}}(x,z,0) = T_0 \tag{7-4}$$

(2)上边界条件。

$$D_{\mathrm{w}}\left(\frac{\partial \theta}{\partial x} + \frac{\partial \theta}{\partial z}\right) + D_{\mathrm{Tv}}\left(\frac{\partial T_{\mathrm{s}}}{\partial x} + \frac{\partial T_{\mathrm{s}}}{\partial z}\right) - K = E(x,z,t) \tag{7-5}$$

$$K_{\mathrm{h}}\left(\frac{\partial T_{\mathrm{s}}}{\partial x} + \frac{\partial T_{\mathrm{s}}}{\partial z}\right) - \rho_{\mathrm{w}}L K_{\mathrm{v}}\left(\frac{\partial h}{\partial x} + \frac{\partial h}{\partial z}\right) = G(x,z,t) \tag{7-6}$$

(3)下边界条件。

$$\theta(x,z_{\mathrm{H}},t) = \theta_{\mathrm{H}} \tag{7-7}$$

$$T_{\mathrm{s}}(x,z_{\mathrm{H}},t) = T_{\mathrm{H}} \tag{7-8}$$

令侧向边界的水热通量为零。

式(7-1)~式(7-8)中:(x,z)是计算点的位置坐标,x 向右为正(cm),z 向上为正(cm);θ_0 为初始含水量,cm^3/cm^3;T_0 为初始土壤温度,℃;$E(x,z,t)$为土壤蒸发速率,cm/h;t 为时

间,h;$G(x,z,t)$是边界坐标(x,z)处的土壤热通量;θ_H、T_H为下边界$z=z_H$处的土壤含水量,cm^3/cm^3,土壤温度值,℃;h为压力水头,cm;K为非饱和导水率,cm/h;K_v为由水势梯度引起的水汽传导率,cm/h;D_{Tv}为由温度梯度引起的水汽扩散率,$m^2/(s \cdot ℃)$;C_v为土壤热容量,$J/(m^3 \cdot ℃)$;D_w为土壤水分扩散率,cm^2/h;T_s为土壤温度,℃;$S(x,z,t)$为根系吸水速率,cm/h;K_h为土壤热导率,$J/(s \cdot m \cdot ℃)$;ρ_w为土壤水密度,g/cm^3;λ为水的汽化潜热;S_H为热量源汇项,忽略不计。

二、模型参数

非饱和土壤导水率、土壤水分特征曲线、土壤水分扩散率等土壤水分运动参数采用Ku-pF Apparatus DT 04-01 测定。土壤热容量、土壤导热率和土壤热扩散率等土壤水分状态参数确定方法如下。

(一)由温度梯度引起的水汽扩散率

$$D_{Tv} = D_g (T_s/273.16)^2 n_f^{5/3} h_m h_0 \eta_0 \frac{\mathrm{d}\rho_v^{sat}}{RT_s} \quad \text{(Nassar 等,1989)} \tag{7-9}$$

式中:D_{Tv}为水汽扩散率,$m^2/(s \cdot ℃)$;D_g为空气中水汽扩散系数,m^2/s,$D_g = 2.29 \times 10^{-5} \times (1+T_s/273.16)^{1.75}$;$\rho_v^{sat}$为水汽饱和度,$kg/m^3$,$\rho_v^{sat} = 1\ 000 \times e^{6.003\ 5-4\ 975.9/(T_s+273.16)}$;$h_m$为土壤相对湿度,$h_m = e^{hg/R(T_s+273.16)}$,$g$为重力加速度,$9.81\ m/s^2$;$R$为通用气体常数,461.5 $m^2/(s^2 \cdot K)$;T_s为土壤温度,℃;n_f为土壤孔隙度(%);h_0为水汽运动的质流因子,取1.0;η_0为机械增强系数,为土壤含水量和黏土含量的函数,$\eta_0 = 9.5 + 6\theta - 8.5 \times e^{-[(1+2.6/f_c^{0.5})\theta]^4}$(Campbell,1985),$f_c$为土壤中的黏土质量分数。

(二)由水势梯度引起的水汽传导率

$$K_v = D_g (T_s/273.16)^2 n_f^{5/3} h_m h_0 \rho_v^{sat} \frac{M_W}{RT_s} \tag{7-10}$$

式中:K_v为水汽传导率,cm/h;M_W为水的分子量,0.018 016 kg/mol。

(三)土壤热容量

$$C_v = 1.92(1 - \theta_s) + 4.18\theta \tag{7-11}$$

式中:C_v为土壤热容量,$J/(cm^3 \cdot ℃)$;θ_s为饱和含水量,cm^3/cm^3;θ为土壤容积含水量,cm^3/cm^3。

(四)土壤导热率

$$K_h = (K_{sat} - K_{dry}) \lambda_e + K_{dry} \tag{7-12}$$

式中:K_h为土壤热导率,$J/(cm \cdot s \cdot ℃)$;K_{dry}为干土热导率,$W/(m \cdot k)$,$K_{dry} = -0.56n_f + 0.51$;$K_{sat}$为饱和土壤热导率,$W/(m \cdot k)$,$K_{sat} = (K_q^q K_0^{1-q})^{(1-n_f)} K_w^{n_f}$,$K_w$为水的导热率,20 ℃时为 0.594 $W/(m \cdot K)$,q 为石英含量(10%),kg/kg,K_q 为石英导热率,7.7 $W/(m \cdot K)$,K_0 为非石英矿物的导热率,当 $q \leqslant 20\%$ 时,取 3.0 $W/(m \cdot K)$,当 $q > 20\%$ 时,取 2.0 $W/(m \cdot K)$,n_f 为土壤孔隙度;λ_e 为 Kersten 函数,$\lambda_e = e^{M_0(1-s_r^{M-N})}$,$S_r$ 为土壤饱和度($S_r = \theta/n_f$),N 为形状因子,一般取 1.33,M_0 为与土壤质地有关的常数,土壤砂粒含

量大于 40% 时取 0.96，小于 40% 时取 0.27。

(五) 土壤的热扩散率

$$D_h = K_h / C_v \tag{7-13}$$

式中：D_h 为土壤的热扩散率，cm^2/s。

(六) 作物、阻力、气象参数

内容参见第三章。

(七) 其他参数

水热传输模型所需的其他参数见表 7-1。

表 7-1　水热传输模型所需的其他参数

参数(单位)	方程	变量(℃)	含义
γ (kPa/℃)	$0.645\,5 + 0.000\,64 T_a$	T_a	湿度计常数
λ (J/kg)	$2.498\,9 - 0.002\,33 T_a$	T_a	汽化潜热
Δ (kPa/℃)	$\dfrac{17.27 \times T_a}{(T_a + 237.3)^2} \times 6.11 e^{\frac{17.27 T_a}{T_a + 237.3}}$	T_a	饱和水汽压—温度曲线斜率
$e_r(T_r)$	$6.11 \exp[17.27 T_r / (237.3 + T_r)]$	T_r	饱和水汽压

三、冠层汇源处的能量平衡

SPAC 系统能量分配分三个层面，即大气、冠层和土壤。大气层面的能量可直接观测，假设冠层截留的净辐射主要用于显热和蒸腾潜热交换，即

$$R_{nc} = \lambda T_r + H_c \tag{7-14}$$

R_{nc} 为作物冠层截留净辐射能：

$$R_{nc} = R_n \left\{ 1 - \exp\left[-0.401\,6 LAI \left(1 + 0.098\,7 \left| \sin \frac{t_n - 13}{12} \pi \right| \right) \right] \right\} \tag{7-15}$$

$$H_c = \lambda T_r - R_{nc} = \lambda T_r - R_n \left\{ 1 - \exp\left[-0.401\,6 LAI \left(1 + 0.098\,7 \left| \sin \frac{t - 13}{12} \pi \right| \right) \right] \right\} \tag{7-16}$$

式 (7-14) ~ 式 (7-16) 中：λT_r 为蒸腾潜热通量，$MJ/(m^2 \cdot d)$；λ 为水的汽化潜热；H_c 为显热通量，$MJ/(m^2 \cdot d)$；R_n 为冠层上方的太阳净辐射。

四、沟灌下土壤面的能量分配

土壤面的辐射能平衡项包括地面接收的净辐射 (R_{ns})、土壤面的潜热通量 (λE)、土壤面的感热通量 (H_s) 和土壤热通量 (G)。交替隔沟灌溉条件下棵间土壤蒸发量 (E) 分湿润区域和非湿润区域的土壤蒸发；土壤热通量 (G) 分湿润区域和非湿润区域的土壤热通量。土壤面的能量平衡项如下确定：

$$\lambda E = \lambda E_s^w + \lambda E_s^{nw} \tag{7-17}$$

$$G = G_s^w + G_s^{nw} \tag{7-18}$$

$$H_s = \rho C_p \frac{T_s - T_{ca}}{r_a^s} \tag{7-19}$$

$$R_{ns} = R_n - R_{nc} \tag{7-20}$$

式中：T_{ca} 为冠层汇源处温度，令其等于地面以上冠层 2/3 高度处的温度；E_s^w 和 E_s^{nw} 分别表示湿润区域和非湿润区域的土壤蒸发量（确定方法见第三章）。

第二节　水热传输模型的数值求解方法

一、有限元法的 Galerkin 方程

土壤水分由压力水头表示，式(7-1)和式(7-2)的有限元近似解函数为

$$\overline{h}(x,z,t) = \sum_{i=1}^{n} N_i(x,z) h_i(t) \tag{7-21}$$

$$\overline{T}(x,z,t) = \sum_{i=1}^{n} N_i(x,z) T_i(t) \tag{7-22}$$

式(7-21)和式(7-22)需要满足给定的边界条件。

式中：$N_i(x,z)$ $(i=1,2,\cdots,n)$ 为 n 个线性无关的函数组，称为基函数组；$h_i(t)$ 为 t 时刻节点 i 处的压力水头值；$T_i(t)$ 为 t 时刻节点 i 处的土壤温度。将 $\overline{h}(x,z,t)$、$\overline{T}(x,z,t)$ 代入式(7-1)和式(7-2)，得到误差函数或剩余函数 $R(x,z)$：

$$R_h(x,z) = \frac{\partial}{\partial x}\left[K(h)\frac{\partial \overline{h}}{\partial x}\right] + \frac{\partial}{\partial z}\left[K(h)\frac{\partial \overline{h}}{\partial z}\right] + \frac{\partial}{\partial x}\left(D_{Tv}\frac{\partial \overline{T}_s}{\partial x}\right) +$$

$$\frac{\partial}{\partial z}\left(D_{Tv}\frac{\partial \overline{T}_s}{\partial z}\right) + \frac{\partial K(h)}{\partial z} - S_w(x,z,t) - \frac{\partial \theta}{\partial t} \neq 0 \tag{7-23}$$

$$R_T(x,z) = \frac{\partial}{\partial x}\left(K_h \frac{\partial \overline{T}}{\partial x}\right) + \frac{\partial}{\partial z}\left(K_h \frac{\partial \overline{T}}{\partial z}\right) + \rho_w \lambda \frac{\partial}{\partial x}\left(K_v \frac{\partial \overline{h}}{\partial x}\right) + \rho_w \lambda \frac{\partial}{\partial z}\left(K_v \frac{\partial \overline{h}}{\partial z}\right) - C_v \frac{\partial \overline{T}}{\partial t} \neq 0$$

$$\tag{7-24}$$

$R_h(x,z)$ 和 $R_T(x,z)$ 在计算区域 D 上的加权积分为零。Galerkin 法的计算方法是一种加权剩余法，将基函数组作为权函数组：

$$\iint_D R_h(x,z) N_i(x,z)\, dx dz = 0 \qquad (i=1,2,\cdots,n) \tag{7-25}$$

$$\iint_D R_T(x,z) N_i(x,z)\, dx dz = 0 \qquad (i=1,2,\cdots,n) \tag{7-26}$$

为了求解 h_i、T_i 值，将式(7-23)、式(7-24)分别代入式(7-25)和式(7-26)，并进行分步积分：

$$\iint_D \left\{ \frac{\partial N_i}{\partial x}\left[K(h)\frac{\partial \overline{h}}{\partial x}\right] + \frac{\partial N_i}{\partial z}\left[K(h)\left(\frac{\partial \overline{h}}{\partial z}+1\right)\right] + \frac{\partial N_i}{\partial x}\left(D_{Tv}\frac{\partial \overline{T}_s}{\partial x}\right) + \frac{\partial N_i}{\partial z}\left(D_{Tv}\frac{\partial \overline{T}_s}{\partial z}\right) + N_i S_w + N_i \frac{\partial \theta}{\partial t} \right\} dx dz -$$

$$\int_{\Gamma}\left\{\left(k(h)\,\frac{\partial\overline{h}}{\partial x}+D_{\mathrm{Tv}}\,\frac{\partial\overline{T}_{\mathrm{s}}}{\partial x}\right)n_x+\left[k(h)\left(\frac{\partial\overline{h}}{\partial z}+1\right)+\left(D_{\mathrm{Tv}}\,\frac{\partial\overline{T}_{\mathrm{s}}}{\partial z}\right)\right]n_z\right\}N_i\mathrm{d}\Gamma=0\quad(i=1,2,\cdots,n)$$

$$(7\text{-}27)$$

$$\iint_{D}\left\{\frac{\partial N_i}{\partial x}\left(K_{\mathrm{h}}\,\frac{\partial\overline{T}}{\partial x}\right)+\frac{\partial N_i}{\partial z}\left(K_{\mathrm{h}}\,\frac{\partial\overline{T}}{\partial z}\right)+\frac{\partial N_i}{\partial x}\rho_{\mathrm{w}}\lambda\left(K_{\mathrm{v}}\,\frac{\partial\overline{h}}{\partial x}\right)+\frac{\partial N_i}{\partial z}\rho_{\mathrm{w}}\lambda\left(K_{\mathrm{v}}\,\frac{\partial\overline{h}}{\partial z}\right)+N_iC_{\mathrm{v}}\,\frac{\partial\overline{T}}{\partial t}\right\}\mathrm{d}x\mathrm{d}z-$$

$$\int_{\Gamma}\left[\left(K_{\mathrm{h}}\,\frac{\partial\overline{T}}{\partial x}+\rho_{\mathrm{w}}\lambda K_{\mathrm{v}}\,\frac{\partial\overline{h}}{\partial x}\right)n_x+\left(K_{\mathrm{h}}\,\frac{\partial\overline{T}}{\partial z}+\rho_{\mathrm{w}}\lambda K_{\mathrm{v}}\,\frac{\partial\overline{h}}{\partial z}\right)n_z\right]N_i\mathrm{d}\Gamma=0\quad(i=1,2,\cdots,n)$$

$$(7\text{-}28)$$

式中：Γ 为计算区域 D 的边界；$\vec{n}=(n_x,n_z)$ 为边界 Γ 的单位外法向矢量。式（7-27）和式（7-28）左端第二项为边界线处以基函数 N_i 加权的边界垂直流量，如果权 N_i 或边界流量为零，则此项积分也为零。式（7-27）、式（7-28）即为土壤水热运动的 Galerkin 方程。

二、模拟区域的划分与基函数构造

(一)区域划分

将计算区域剖分为一系列的等边三角元；考虑土壤类型，使每个单元内土壤均质；在土壤结构复杂和土水势梯度大的区域网格划分尽可能密些，其他区域网格划分可以大些（见图 7-1）。

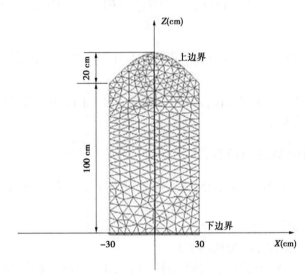

图 7-1　沟-垄系统的有限元网格划分及坐标示意图

(二)三角区域的压力水头、土壤温度近似函数及基函数

在计算区域内任取一个单元 e 进行分析。设此单元的三个节点的编号为 i、j、k（见图 7-2），假设同一个三角元内的系数和通量是恒量，但从一个元到另一个元是变化的。节点坐标依次为 (X_i,Z_i)、(X_j,Z_j)、(X_k,Z_k)。负压水头函数在三个结点的值依次为 h_i、h_j、h_k，土壤温度依次为 T_i、T_j、T_k。单元 e 内的水头值和土壤温度值由插值函数确定，即

用节点水头值 h_i、h_j、h_k 和温度 T_i、T_j、T_k 的线性插值函数作为单元 e 内变量近似解：

$$h^e(X,Z,t) = \beta_1^e + \beta_2^e X + \beta_3^e Z \tag{7-29}$$

$$T^e(X,Z,t) = \beta_1^e + \beta_2^e X + \beta_3^e Z \tag{7-30}$$

式中：β_1^e，β_2^e，β_3^e 为待定系数。上标 e 为单元编号。

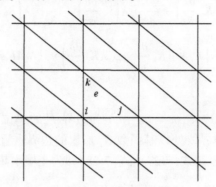

图 7-2　典型三角元编号 i、j、k

(三)三角单元 e 的 Galerkin 方程

将式(7-29)和式(7-30)代入有限元 Galerkin 方程,得到单元 e 的 Galerkin 方程：

$$\left[F\right]\frac{\{\theta\}_{j_0+1} - \{\theta\}_{j_0}}{\Delta t_{j_0}} + \left[A\right]_{j_0+1}\{h\}_{j_0+1} = \{Q\}_{j_0} - \{B\}_{j_0+1} - \{D\}_{j_0+1} - \left[H\right]_{j_0+1}\{T\}_{j_0+1}$$

$$\tag{7-31}$$

式中：j_0+1 为当前的时间层；j_0 为前一时间层；Δt_{j_0} 为两个时间层的时间间隔,即 $\Delta t_{j_0} = t_{j_0+1} - t_{j_0}$, min。

式(7-31)即为最后的求解方程,方程中的矩阵 $\{\theta\}$、$[A]$ 和 $\{B\}$ 是水头值 h 的函数,需通过 Δt_{j_0} 反复迭代求解。

三、水热传输模型的模拟软件

依据沟灌条件下 SPAC 系统水热传输模型,开发了"交替隔沟灌溉土壤水热模拟系统"软件。

(一)软件模拟程序框架

土壤水热传输模拟程序框架见图 7-3。

首先,在主程序输入坐标数据、初始条件、边界条件及环境因子数据;然后,主程序访问子程序中各参数随坐标的变化。在第一个时间步长循环结束再进入下一个步长,在一个新的时间步长开始时,求解每个节点处的水热运移偏微分方程,直到收敛,第一次收敛之后,进入下一个迭代程序。

(二)软件界面

软件界面如图 7-4~图 7-7 所示。

(三)模拟结果

模拟结果见图 7-8、图 7-9。

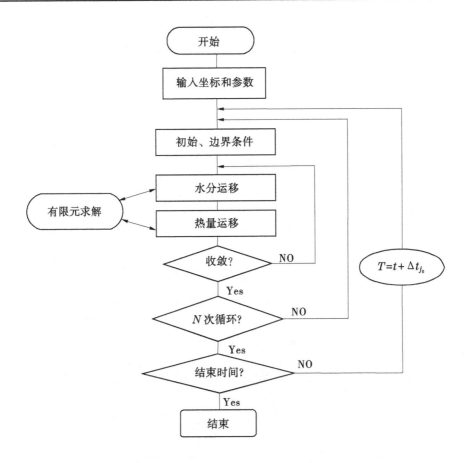

图 7-3　土壤水热传输模拟程序框架

图 7-4　交替隔沟灌溉土壤水热模拟软件进行界面

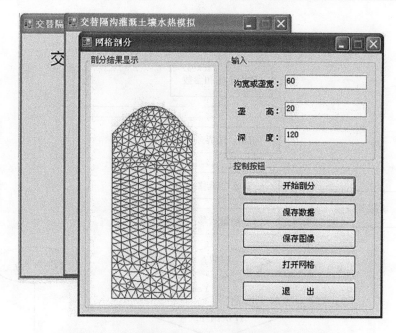

图 7-5 交替隔沟灌溉土壤水热模拟软件输入界面

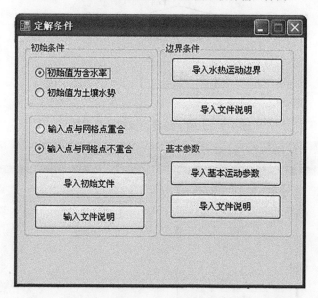

图 7-6 交替隔沟灌溉土壤水热模拟软件定解条件界面

土壤蒸发量模拟结果与实测值的相关性系数为 0.794,模拟结果为实测值的 92%(见图 7-10)。对模型模拟结果进行评价,交替隔沟灌溉的绝对误差、标准差、拟合度分别为0.11、0.33 和 0.87,常规沟灌的绝对误差、标准差、拟合度分别为 0.09、0.31 和 0.90。作物蒸腾量的逐日变化模拟结果偏低,交替隔沟灌溉模拟值为实测值的 88%,常规沟灌模拟值为实测值的 80%,绝对误差、标准差、拟合度分别为 0.27、0.17 和 0.92;交替隔沟灌溉的绝对误差、标准差、拟合度分别为 0.26、0.18 和 0.93。

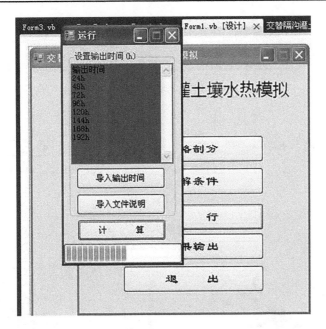

图 7-7　交替隔沟灌溉土壤水热模拟输出界面

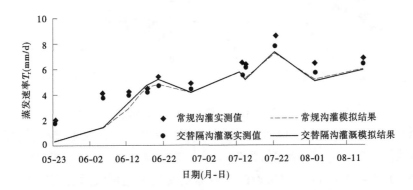

图 7-8　玉米生长期内作物蒸腾速率逐日变化的模拟结果

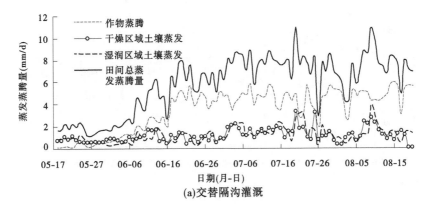

(a)交替隔沟灌溉

图 7-9　蒸发蒸腾量模拟结果

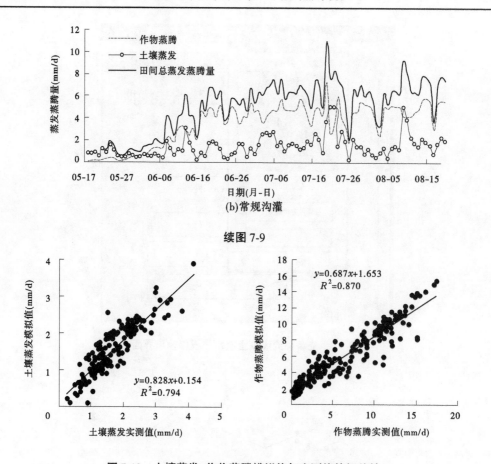

(b)常规沟灌

续图 7-9

图 7-10　土壤蒸发、作物蒸腾模拟值与实测值的相关性

图 7-11 为玉米生长期间土壤面的能量分配逐日变化,R_{ns} 呈逐渐减小后达到稳定的趋势,最高值接近 200 W/m² ,稳定值为 70 W/m² 左右,显热通量 H_s 的变化与 R_{ns} 类似,G 值变化范围为-5 ~ 10 W/m² 。冠层面的能量通量变化为先增大后逐渐减小的趋势(见图 7-12)。

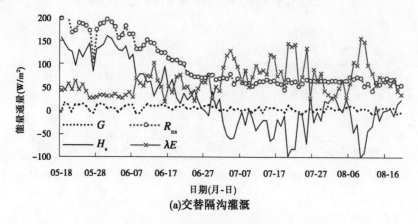

(a)交替隔沟灌溉

图 7-11　土壤面的能量通量模拟结果(2010 年)

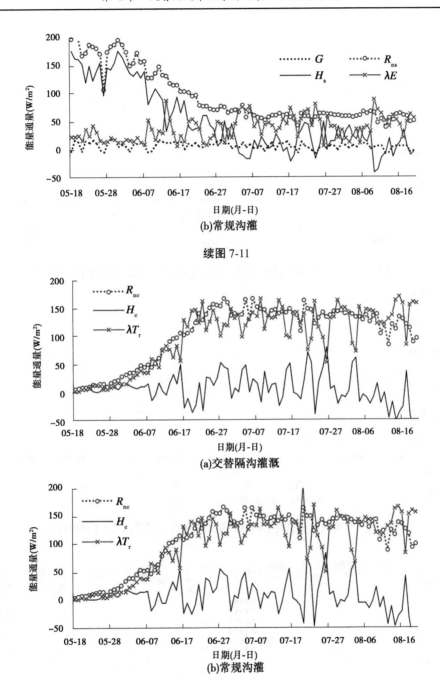

(b)常规沟灌

续图 7-11

(a)交替隔沟灌溉

(b)常规沟灌

图 7-12 冠层汇源面的能量通量模拟结果(2010 年)

交替隔沟灌溉的土壤水分模拟结果与实测值的相对误差变化范围为 $2.13\% \sim 7.88\%$ (见图 7-13);常规沟灌的土壤水分模拟值与实测值的相对误差变化范围为 $1.22\% \sim 6.47\%$ (见图 7-14)。

分别选交替隔沟灌溉在灌水后的两个日期,即 2010 年 6 月 22 日(灌后 3 d)和 6 月 26 日(灌后 6 d)进行剖面土壤水分模拟(见图 7-15、图 7-16),图中坐标(X,Z)与图 7-1 对

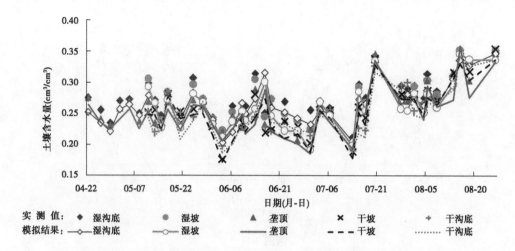

图 7-13　交替隔沟灌溉在根区不同点位处的土壤含水量模拟结果（2010 年）

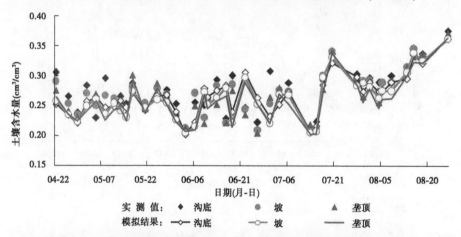

图 7-14　常规沟灌在根区不同点位处的土壤含水量模拟结果（2010 年）

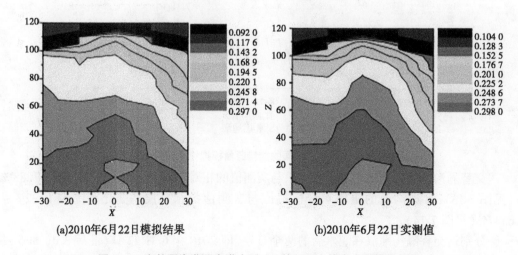

(a)2010年6月22日模拟结果　　　　　　　(b)2010年6月22日实测值

图 7-15　交替隔沟灌溉在灌水后 3 d 的剖面土壤含水量模拟结果

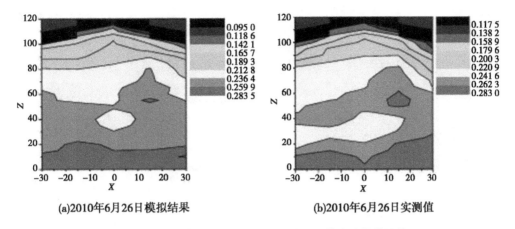

(a)2010年6月26日模拟结果　　　　　　(b)2010年6月26日实测值

图 7-16　交替隔沟灌溉在灌水后 6 d 的剖面土壤含水量模拟结果

应,X = −30 cm、−15 cm、0、15 cm 和 30 cm 处分别为交替隔沟灌溉在湿沟、湿坡、垄、干坡和干沟处的横坐标。由图 7-15 可以看出,在同一深度灌水区域的土壤含水量高于非灌水区域。由图 7-16 可知,随着土壤水分的逐渐消退,相同深度处灌水区域的土壤含水量逐渐接近非灌水区域。6 月 26 日在 0~35 cm 土层含水量模拟结果高于实测值,最大相对误差为 1.66 %;而 6 月 26 日在 35~120 cm 土层以及 6 月 22 日的模拟结果都低于实测值,平均绝对误差为 0.04 cm³/cm³。

　　分析常规沟灌在灌水后 3 d(2010 年 6 月 22 日)和灌水后 6 d(2010 年 6 月 26 日)的剖面土壤水分模拟结果,两日的模拟结果与实测值间绝对误差为 0.06 左右,标准差为 0.02 左右,拟合度在 0.90 以上(见图 7-17、图 7-18)。

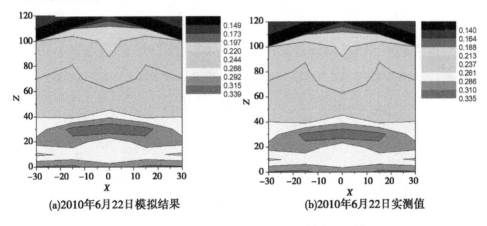

(a)2010年6月22日模拟结果　　　　　　(b)2010年6月22日实测值

图 7-17　常规沟灌在灌水后 3 d 的剖面土壤含水量模拟结果

　　模型对交替隔沟灌溉田土壤温度逐日变化模拟结果略低,与实测值的相对误差小于 1%。图 7-19 和图 7-20 中坐标(X,Z)与图 7-1 中对应,Z 表示土壤剖面的深度坐标,X 表示相邻两个沟之间的模拟点位置坐标。对土壤温度的模拟结果分析,交替隔沟灌溉下模拟标准差和拟合度分别为 0.045 和 0.97,常规沟灌下模拟标准差和拟合度分别为 0.063 和 0.98。

　　土壤水分运动模拟值略低,模拟值为实测值的 96%;而土壤温度的模拟值与实测值

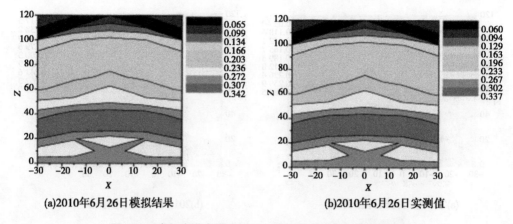

(a)2010年6月26日模拟结果　　　　　　　　　　(b)2010年6月26日实测值

图7-18　常规沟灌在灌水后6 d的剖面土壤含水量模拟结果

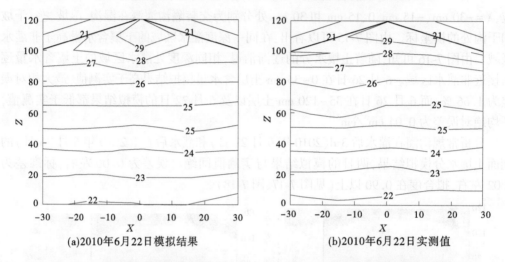

(a)2010年6月22日模拟结果　　　　　　　　　　(b)2010年6月22日实测值

图7-19　交替隔沟灌溉在灌水后3 d(2010年6月22日)的剖面土壤温度模拟情况

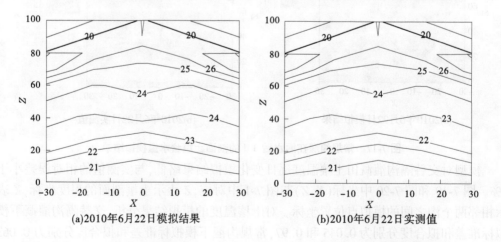

(a)2010年6月22日模拟结果　　　　　　　　　　(b)2010年6月22日实测值

图7-20　常规沟灌在灌水后3 d(2010年6月22日)的剖面土壤温度模拟情况

基本吻合,模拟值为实测值的98%(见图7-21)。

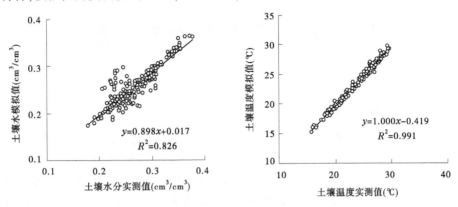

图 7-21　土壤水热模拟结果与实测值的相关性

参考文献

[1] 康绍忠,刘晓明,熊章.土壤—植物—大气连续体水分传输理论及其应用[M].北京:水利电力出版社,1994.

[2] Campbell G S. Soil physics with basic. Transport models for soil-plant systems[M]. Elsevier Science Publication Come out New York,1985.

[3] de Vries D A. Simultaneous transfer of heat and moisture in porous media[J]. Transactions America Geophysical Union,1959,39(5).

[4] Lu S,Ren T S,Gong Y S,et al. An improved model for predicting soil thermal conductivity from water content at room temperature[J]. Soil Science Society of America Journal,2007,71(1).

[5] Nassar I N,Horton R. Water transport in unsaturated nonisothermal salt soil:Ⅱ. Theoretical development[J]. Soil Science Society of America Journal,1989,53.

第八章 主要结论与展望

一、主要研究结果与讨论

控制性交替灌溉理念在我国提出 20 多年来,我们在华北平原和东北地区开展了近 10 年的研究工作,掌握并积累了大量的科研成果,在不同尺度和宏/微观上取得的进展使我们对交替隔沟灌溉有了更深刻的认识,相关的国内外科研成果为本书的研究提供了很好的基础。农业高产高效与节水总是相伴出现的两个双命题,是农业可持续发展所追求的主要目标,从农业用水效率来看,它主要涉及灌溉水源、供水方式和作物用水三大科学问题;从作物水分生产效率方面看,最重要的是与作物直接相关的灌溉方式和水分利用,作物利用土壤水分效率的高低取决于作物生长的生理过程以及灌溉调控,交替隔沟灌溉就是基于作物高效生产而提出的农田节水调控技术,其农田水热传输过程比较复杂。这方面虽有较多的理论研究,但在节水农业发展的不同阶段,要面临新的战略方向和国家需求,灌溉水利用效率的大幅提高仍处于较难攻克的关口,需要突破现有的技术瓶颈。在国家粮食安全、水安全、生态安全的战略背景下,交替隔沟灌溉在农田水热资源利用与调控中表现出的潜力仍值得关注,尚需系统、深入的理论支撑和技术成果,本书立足大田,通过田间试验结果,在华北平原的新乡与东北平原的沈阳地区对交替隔沟灌溉农田中土壤—作物—大气系统水热及其能量驱动下的传输过程开展系统的研究,并对水热传输过程进行量化,为实现农业生产和农田生态系统可持续发展提供基础支撑。

(一) 交替隔沟灌溉的作物生产能力

渗透调节是作物御旱的一种方式,渗透调节作用主要表现在作物内部产生的物质代谢变化,脯氨酸作为水分胁迫的敏感内源分泌物,它是植物氨基酸中最为有效的渗透调节物质,当水分胁迫发生时,交替隔沟灌溉的叶片相对含水量下降速度快于常规沟灌,使玉米叶片的脯氨酸浓度提高,反映出水分胁迫逆境下交替隔沟灌溉使作物具有较强的渗透调节能力,在维持作物光合产物形成中发挥了重要作用。而固定隔沟灌溉在水分胁迫下的碳水化合物供应不足,影响了谷氨酸的合成,使其渗透调节能力弱于同水分控制下的常规灌溉和交替隔沟灌溉。

夏玉米是一种对水分供应非常敏感的作物,水分控制适宜的交替隔沟灌溉有效抑制玉米的冗余生长,同时延缓了叶片衰老速度,延长了作物生命期,从而制造出更多的光合同化产物,能够实现投入产出的效益最大化;与常规沟灌相比,中高水分控制下限(80%田间持水量、70%田间持水量)的交替隔沟灌溉抑制了作物株高和叶面扩展,减产不足 4.0%,而节约水量达 14% 以上。因此,适度水分亏缺下的交替隔沟灌溉,在经济效益上能够达到高效生产的目的。土壤水分下限低于 60% 田间持水量时,虽然节约了 21% 以上的耗水量,但作物生长受到明显抑制,作物过早衰老,造成 10% 左右的减产,表明水分胁迫已经过度,不利于经济效益的提高。体现了交替隔沟灌溉在追求经济效益最大化中发挥的土壤水分空间调控潜力。

(二)交替隔沟灌溉的农田蒸发蒸腾

在农田蒸发蒸腾量的计算中,单源模型的代表模型为参考作物法,其中采用双作物系数法能够提高其计算精度,双源模型的代表模型为 S-W 模型,S-W 模型为沟灌玉米田蒸发蒸腾量计算的优选模型,其中基于 Jarvis(1976)的冠层阻力模型能够提高其计算精度。从夏玉米全生育期的棵间土壤蒸发量占田间总耗水量的比例来看,常规沟灌占 33.06% ~ 43.97%、固定隔沟灌溉占 27%左右、交替隔沟灌溉占 28.51% ~ 46.15%。可见,交替隔沟灌溉对农田水分损失的可调可控余地更大。在灌水下限控制适宜情况下,交替隔沟灌溉可减少蒸腾耗水量 9.8%左右,并在作物光合产物积累量无明显降低的基础上,使叶片水分利用效率提高 8.8%左右。不同沟灌方式下,气孔阻力从叶片至冠层存在点、片、面的差异,叶片气孔阻力从叶基至叶尖逐渐递减,气孔阻力随玉米叶序从冠层顶部至底部呈指数增加,与小麦的气孔阻力分层变化非常相近。交替隔沟灌溉环境下玉米叶片蒸腾速率的降低是通过降低气孔的传导能力实现的,其叶片水汽传导能力强于其他沟灌方式,锁住植株体内水分向促进作物生长发育的方向发展,驱动根系对水分的吸收,进而促进土壤储水向作物根系吸水转化,提高了土壤储水的利用效率。

(三)交替隔沟灌溉的作物根系形态

植物根系对土壤环境存在响应机制。在常规沟灌时,上层土壤中玉米根系的根尖数量和表面积较大,代谢活性强;而在干旱胁迫时,上层土壤中玉米根系生长受到抑制,根系向下延伸,根系活性表面积减小。经受一段时间的水分胁迫后再复水,根系自身通过游离氨基酸含量、抗氧化酶活性和可溶性糖浓度等生理调节,使植株生长和代谢快速恢复。交替隔沟灌溉下玉米根系形态存在时间上和空间上(灌水区域、非灌水区域)的响应,复水后的根系再生能力增强,根长密度和根系水分传导提高,均高于常规沟灌,非灌水区域复水后,根系生长和代谢产生"补偿"效应。交替隔沟灌溉促进了细根生长,扩大了根系活性表面积,直径小于 0.25 mm 的细根在根尖数和根系表面积分布中占最大比例,并明显高于常规沟灌,特别在非灌水区域复水后,细根根尖数显著增加,引起细根表面积增大,有利于恢复受胁迫根系对水分和养分的吸收,对作物抗旱和保持生命需水发挥着重要作用。沟灌条件下适宜的根系吸水模型为 Feddes(1978)根系吸水模型和 Vrugt 等(2001)根长密度模型。

(四)交替隔沟灌溉的农田水热分布

交替隔沟灌溉方式扩大了土壤表面积,改变了土壤光、热、水的分布。交替隔沟灌溉在垂直与水平方向上的水势梯度或吸力梯度都比常规沟灌大,使得灌溉水流在沟中的推进速度较慢,水分下渗深度较浅。农田下垫面条件的改变对水流推进和入渗产生明显的影响,对覆膜玉米实施不同沟灌方式后发现,交替隔沟灌溉的水流推进速率与常规沟灌、固定隔沟灌溉相当,三者灌水均匀系数相当。另外,交替隔沟灌溉的入渗速率随时间的衰减速度较快,在单沟灌水量相同的情况下地面水消退历时更长一些。因此,交替隔沟灌溉使农田土壤水分趋于均匀化,并集中于根系层土壤,避免了灌溉水深层渗漏损失。

不同沟灌方式和作物种植沟向对土壤光热分布产生影响。南北沟向种植作物时,一天中地面总是存在遮阴区,使得地面接收的太阳辐射量空间差异大于东西沟向。交替隔沟灌溉地面接收的太阳辐射量高于常规沟灌,日差值为 12.23 ~ 29.10 W/m²,干燥区域的地面太阳辐射量高于湿润区域。在玉米生长季,由于交替隔沟灌溉的叶面积指数小于常规沟灌,使得抽穗期后的冠层辐射透过率高出常规沟灌 8.27% 以上,因此交替隔沟灌溉提高了作物冠层太阳辐射透过率。不同沟灌方式下土壤温度与地面太阳辐射的分布趋于一致,一天中东西沟向种植能够得到更多的光照,地温也高于南北沟向,温差为 2~3 ℃。交替隔沟灌溉的土温高于常规沟灌 0.06~4.23 ℃。交替隔沟灌溉的土温空间差异较大,0~1 m 根系层土壤的平均温度表现为灌水区域高于干燥区域,在整个玉米生长季温差为0~6.20 ℃。因此,交替隔沟灌溉有利于协调作物赖以生存的小气候,它的土壤累积蒸发量小,土壤水的汽化、扩散都弱于常规沟灌,有利于吸收更多的太阳辐射能量,使其土壤温度较高。从保持水分、维持沟中较低温度、预防高温灼烧幼苗等方面考虑,南北沟向种植优于东西沟向;在日照不足且水资源紧缺地区或高湿低温的阴雨季节,可以选择东西沟向和交替隔沟灌溉方式。因此,针对作物不同生长阶段,选择适宜的栽培与沟灌模式,能够为作物生长创造有利条件。

基于本书研究内容,开发了交替隔沟灌溉土壤水热模拟系统软件,软件包含根区土壤水热传输、蒸发蒸腾、根系吸水、冠层汇源处能量分配等模块,主程序模型为考虑根系吸水的非等温土壤水热耦合二维方程,数值求解采用 Galerkin 有限元法。

二、研究展望

交替隔沟灌溉的节水调控理论研究已基本成熟,交替隔沟灌溉技术也被应用于水稻、玉米、大豆、棉花等粮农作物的生产中。但由于不同气候条件下不同作物品种对水分亏缺的敏感程度不同,不同作物群体结构对沟灌方式的水肥利用及生产也存在较大差异,反过来交替隔沟灌溉的不同水肥配比对土壤酶活性以及作物根区微生物活动等影响也会不同,交替隔沟灌溉还可能使植物体内一些内源物质发生改变,总之,交替隔沟灌溉应用于农田作物的系统性理论研究还有待深入,为进一步丰富其理论并满足生产需求做支撑。另外,交替隔沟灌溉在大范围应用中存在配套设备配水均匀性差、机械化难度大的尴尬,目前针对交替隔沟灌溉的灌溉系统设备研究也只处于设计和性能测试阶段,距离应用还需要技术成熟度的考验,推广为区域性应用尚需很多工作要做。

未来农业水土的研究方向更多地关注农业生态、环境、水土资源和农产品高质量发展等,也更多地向全球生态系统的复杂性和不确定性、生态安全和粮食安全、农业发展可持续性、多学科融合发展的大趋势转变。农田耗水是农业水循环的重要环节,也是全球农业生态系统能量交换的重要组成部分,在蒸发蒸腾的模拟应用方面,已经由单源模型转向以S-W 模型为代表的可估算稀疏植被冠层的双源模型以及估算大区域复杂生态系统的 C模型为代表的多源模型转变。土壤—作物—大气系统与环境作用形成相互牵制、相互促进、相互影响的能量耦合过程,其过程研究涉及农水、农业生态、农业气象、土壤物理等多个学科交叉领域,是国际社会持续关注的研究热点,多因素的有益耦合可以增强土壤肥力、促进作物生产能力、促使生态环境良性发展,动态变化中的多因素耦合也使其研究过程变得复杂。目前,多学科交叉研究、灌溉农业的环境与生态效应研究等不断扩宽创新研究思路,技术手段不断革新,为满足农田生态系统的决策、管理和生产实际需求提供了技术路径,也将为区域用水高质量发展、农业高品质高效益发展提供理论支撑。

附　录

一、三角元上的基函数待定系数求解

对式(7-29)和式(7-30)中的 $\beta_1^e, \beta_2^e, \beta_3^e$ 求解。$h^e(x,z,t)$ 在 i,j,k 结点处压力水头值分别为 h_i, h_j, h_k，即

$$\left.\begin{array}{l}\beta_1^e + \beta_2^e x_i + \beta_3^e z_i = h_i \\ \beta_1^e + \beta_2^e x_j + \beta_3^e z_j = h_j \\ \beta_1^e + \beta_2^e x_k + \beta_3^e z_k = h_k\end{array}\right\} \tag{1}$$

由求解线性方程组的克莱姆法则得

$$A = \begin{vmatrix} 1 & x_i & z_i \\ 1 & x_j & z_j \\ 1 & x_k & z_k \end{vmatrix} \quad A_1 = \begin{vmatrix} h_i & x_i & z_i \\ h_j & x_j & z_j \\ h_k & x_k & z_k \end{vmatrix} \quad A_2 = \begin{vmatrix} 1 & h_i & z_i \\ 1 & h_j & z_j \\ 1 & h_k & z_k \end{vmatrix} \quad A_3 = \begin{vmatrix} 1 & x_i & h_i \\ 1 & x_j & h_j \\ 1 & x_k & h_k \end{vmatrix}$$

由式(1)中解得:

$$\beta_1^e = \frac{A_1}{A}, \quad \beta_2^e = \frac{A_2}{A}, \quad \beta_3^e = \frac{A_3}{A} \tag{2}$$

为了简化,引入下列符号:

$$\left.\begin{array}{lll} a_i = x_j z_k - x_k z_j & a_j = x_k z_i - x_i z_k & a_k = x_i z_j - x_j z_i \\ b_i = z_j - z_k & b_j = z_k - z_i & b_k = z_i - z_j \\ c_i = x_k - x_j & c_j = x_i - x_k & c_k = x_j - x_i \end{array}\right\} \tag{3}$$

并以 Δ^e 表示三角单元 e 的面积,则 $\Delta^e = \frac{1}{2}(b_i c_j - c_i b_j)$,而 $A = b_i c_j - c_i b_j$,因此得到:

$$A = 2\Delta^e \tag{4}$$

再将行列式 A_1, A_2, A_3 分别按第一列、第二列、第三列进行展开,即

$$\left.\begin{array}{l} A_1 = h_i(x_j z_k - x_k z_j) + h_j(x_k z_i - x_i z_k) + h_k(x_i z_j - x_j z_i) \\ A_2 = h_i(z_j - z_k) + h_j(z_k - z_i) + h_k(z_i - z_j) \\ A_3 = h_i(x_k - x_j) + h_j(x_i - x_k) + h_k(x_j - x_i) \end{array}\right\} \tag{5}$$

将上述各式代入式(2)得:

$$\left.\begin{array}{l} \beta_1^e = \dfrac{1}{2\Delta^e}[a_i h_i + a_j h_j + a_k h_k] \\[2mm] \beta_2^e = \dfrac{1}{2\Delta^e}[b_i h_i + b_j h_j + b_k h_k] \\[2mm] \beta_3^e = \dfrac{1}{2\Delta^e}[c_i h_i + c_j h_j + c_k h_k] \end{array}\right\} \tag{6}$$

将式(6)代入式(1),则得单元 e 上的负压水头函数的近似表达式:

$$h^e(x,z,t) = \frac{1}{2\Delta^e}[(a_ih_i + a_jh_j + a_kh_k) + (b_ih_i + b_jh_j + b_kh_k)x + (c_ih_i + c_jh_j + c_kh_k)z]$$

$$= \frac{1}{2\Delta^e}[(a_i + b_ix + c_iz)h_i + (a_j + b_jx + c_jz)h_j + (a_k + b_kx + c_kz)h_k] \tag{7}$$

令
$$\left. \begin{array}{l} N_i^e(x,z) = \dfrac{1}{2\Delta^e}(a_i + b_ix + c_iz) \\[2mm] N_j^e(x,z) = \dfrac{1}{2\Delta^e}(a_j + b_jx + c_jz) \\[2mm] N_k^e(x,z) = \dfrac{1}{2\Delta^e}(a_k + b_kx + c_kz) \end{array} \right\} \tag{8}$$

得
$$h^e(x,z,t) = h_i(t)N_i^e(x,z) + h_j(t)N_j^e(x,z) + h_k(t)N_k^e(x,z) \tag{9}$$

即
$$h^e = [N]\{h\}^e = \sum_{i=1}^{3} N_i(x,z)h_i(t) \tag{10}$$

同理可求得:
$$T^e = [N]\{T\}^e = \sum_{i=1}^{3} N_i(x,z)T_i(t) \tag{11}$$

式中:i,j,k 分别对应 $i = 1,2,3$。

二、三角元上的伽辽金有限元方程

由图 7-2 所示,将计算区域划分为有限个三角,共 n 个结点,单元内未知变量可用式(10)、式(11)表示,将其代入到式(7-27)、式(7-28):

$$\sum_e \iint_{D^e} [(\frac{\partial[N]^T}{\partial x}k(h)\frac{\partial[N]}{\partial x} + \frac{\partial[N]^T}{\partial z}k(h)\frac{\partial[N]}{\partial z})\{h\}^e]\mathrm{d}x\mathrm{d}z + \sum_e \iint_{D^e} [\frac{\partial[N]^T}{\partial z}k(h)]\mathrm{d}x\mathrm{d}z +$$

$$\sum_e \iint_{D^e} [(\frac{\partial[N]^T}{\partial x}D_{\mathrm{Tv}}\frac{\partial[N]}{\partial x} + \frac{\partial[N]^T}{\partial z}D_{\mathrm{Tv}}\frac{\partial[N]}{\partial z})\{T\}^e]\mathrm{d}x\mathrm{d}z + \sum_e \iint_{D^e} [N]^T[N]\{S_{\mathrm{w}}\}^e]\mathrm{d}x\mathrm{d}z +$$

$$\sum_e \iint_{D^e} [N]^T[N]\frac{\partial\{\theta\}^e}{\partial t}]\mathrm{d}x\mathrm{d}z + \sum_e \int_{\Gamma^e} q[N]^T\mathrm{d}\Gamma = 0 \tag{12}$$

$$\sum_e \iint_{D^e} [(\frac{\partial[N]^T}{\partial x}K_{\mathrm{h}}\frac{\partial[N]}{\partial x} + \frac{\partial[N]^T}{\partial z}K_{\mathrm{h}}\frac{\partial[N]}{\partial z})\{T\}^e]\mathrm{d}x\mathrm{d}z +$$

$$\sum_e \iint_{D^e} [(\frac{\partial[N]^T}{\partial x}\rho_{\mathrm{w}}LK_{\mathrm{v}}\frac{\partial[N]}{\partial x} + \frac{\partial[N]^T}{\partial z}\rho_{\mathrm{w}}LK_{\mathrm{v}}\frac{\partial[N]}{\partial z})\{h\}^e]\mathrm{d}x\mathrm{d}z +$$

$$\sum_e \iint_{D^e} [N]^T C_{\mathrm{v}}[N]\frac{\partial\{T\}^e}{\partial t}]\mathrm{d}x\mathrm{d}z + \sum_e \int_{\Gamma^e} q_{\mathrm{T}}[N]^T\mathrm{d}\Gamma = 0 \tag{13}$$

式中:$\sum\limits_e$ 表示对单元求和;D^e 为单元区域。

式(12)可简写为

$$[A]\{h\} + [F]\frac{\partial\{\theta\}}{\partial t} = \{Q\} - \{B\} - \{D\} - [H]\{T\} \tag{14}$$

其中：
$$\{h\} = [h_1, h_2, \cdots, h_n]^T$$

$$[A] = \sum_e \iint_{D^e} \left(\frac{\partial[N]^T}{\partial x}k(h)\frac{\partial[N]}{\partial x} + \frac{\partial[N]^T}{\partial z}k(h)\frac{\partial[N]}{\partial z}\right)dxdz \tag{15}$$

$$[F] = \sum_e \iint_{D^e} [N]^T[N]dxdz \tag{16}$$

$$\{Q\} = -\sum_e \int_{\Gamma^e} q[N]^T d\Gamma \tag{17}$$

$$\{B\} = \sum_e \iint_{D^e} \frac{\partial[N]^T}{\partial z}k(h)dxdz \tag{18}$$

$$\{D\} = \sum_e \iint_{D^e} [N]^T[N]\{S_w\}dxdz \tag{19}$$

$$[H] = \sum_e \iint_{D^e} \left(\frac{\partial[N]^T}{\partial x}D_{Tv}\frac{\partial[N]}{\partial x} + \frac{\partial[N]^T}{\partial z}D_{Tv}\frac{\partial[N]}{\partial z}\right)dxdz \tag{20}$$

式(13)可简写为

$$[G]\{T\} + [P]\frac{\partial\{T\}}{\partial t} = \{S\} - [U]\{h\} \tag{21}$$

其中：$\{T\} = [T_1, T_2, \cdots, T_n]^T$

$$[G] = \sum_e \iint_{D^e} \left(\frac{\partial[N]^T}{\partial x}K_h\frac{\partial[N]}{\partial x} + \frac{\partial[N]^T}{\partial z}K_h\frac{\partial[N]}{\partial z}\right)dxdz \tag{22}$$

$$[P] = \sum_e \iint_{D^e} [N]^T C_v[N]dxdz \tag{23}$$

$$\{S\} = -\sum_e \int_{\Gamma^e} q_T[N]^T d\Gamma \tag{24}$$

$$[U] = \sum_e \iint_{D^e} \left(\frac{\partial[N]^T}{\partial x}\rho_w LK_v\frac{\partial[N]}{\partial x} + \frac{\partial[N]^T}{\partial z}\rho_w LK_v\frac{\partial[N]}{\partial z}\right)dxdz \tag{25}$$

方程式(14)中的时间项采用隐式向后差分得：

$$[F]\frac{\{\theta\}_{j_0+1} - \{\theta\}_{j_0}}{\Delta t_{j_0}} + [A]_{j_0+1}\{h\}_{j_0+1} = \{Q\}_{j_0} - \{B\}_{j_0+1} - \{D\}_{j_0+1} - [H]_{j_0+1}\{T\}_{j_0+1} \tag{26}$$

式中：j_0+1 为当前的时间层；j_0 为前一时间层；Δt_{j_0} 为两个时间层间的时间间隔，即 $\Delta t_{j_0} = t_{j_0+1} - t_{j_0}$，min。

方程式(26)为最后的求解方程，方程中的矩阵 $\{\theta\}$、$[A]$ 和 $\{B\}$ 是水头值 h 的函数，需要通过 Δt_{j_0} 时段的反复迭代求解。为了减少迭代过程中的水量平衡误差，采用了"质量守恒"的方法对含水量项进行处理，将式(26)中的第一项分解成：

$$[F]\frac{\{\theta\}_{j_0+1} - \{\theta\}_{j_0}}{\Delta t_{j_0}} = [F]\frac{\{\theta\}_{j_0+1}^{k_0+1} - \{\theta\}_{j_0+1}^{k_0+1}}{\Delta t_{j_0}} + [F]\frac{\{\theta\}_{j_0+1}^{k_0} - \{\theta\}_{j_0}}{\Delta t_{j_0}} \tag{27}$$

再将方程式(27)的第一项转化为用负压水头表示：

$$[F] \frac{\{\theta\}_{j_0+1} - \{\theta\}_{j_0}}{\Delta t_{j_0}} = [F][C]_{j_0+1} \frac{\{h\}_{j_0+1}^{k_0+1} - \{h\}_{j_0+1}^{k_0}}{\Delta t_{j_0}} + [F] \frac{\{\theta\}_{j_0+1}^{k_0} - \{\theta\}_{j_0}}{\Delta t_{j_0}} \tag{28}$$

式中：k_0+1，k_0 分别为当前迭代和上一次迭代。

矩阵$[C]$中的 C_i 是 i 结点处的比水容量。当迭代过程结束时，式(28)中右端第一项趋于零，有效减少了求解过程中的水量平衡误差。将式(28)代入式(14)：

$$\left(\frac{[F][C]_{j_0+1}^{k_0}}{\Delta t_{j0}} + [A]_{j_0+1}^{k_0} \right) \{h\}_{j_0+1}^{k_0+1} = \left(\frac{[F][C]_{j_0+1}^{k_0}}{\Delta t_{j0}} + [A]_{j_0+1}^{k_0} \right) \{h\}_{j_0+1}^{k_0} -$$

$$[F] \frac{\{\theta\}_{j_0+1}^{k_0} - \{\theta\}_{j0}}{\Delta t_{j0}} + \{Q\}_{j0} - \{B\}_{j_0+1}^{k_0} - \{D\}_{j0} - [H]_{j_0+1}^{k_0} \{T\}_{j_0+1}^{k_0} \tag{29}$$

同理式(21)时间项进行差分得

$$\left(\frac{[P]_{j_0+1}^{k_0}}{\Delta t_{j_0}} + [G]_{j_0+1}^{k_0} \right) \{T\}_{j_0+1}^{k_0+1} = \frac{[P]_{j_0+1}^{k_0}}{\Delta t_{j_0}} \{T\}_{j_0+1}^{k_0} + \{S\}_{j0} - [U]_{j_0+1}^{k_0} \{h\}_{j_0+1}^{k_0} \tag{30}$$

式(15)~式(19)、式(22)~式(25)进一步化简得

$$[A] = \sum_e \frac{\overline{K}(h)}{4\Delta} [bc] \tag{31}$$

其中：

$$[bc] = \begin{bmatrix} b_i^2 + c_i^2 & b_i b_i + c_i c_j & b_i b_k + c_i c_k \\ b_j b_i + c_j c_i & b_j^2 + c_j^2 & b_j b_k + c_j c_k \\ b_k b_i + c_k c_i & b_k b_j + c_k c_j & b_k^2 + c_k^2 \end{bmatrix}$$

$$\overline{K} = \frac{1}{3}[K_i + K_j + K_k] \tag{32}$$

$$[F] = \sum_e \frac{\Delta}{3} \begin{bmatrix} 1 & 0 & 0 \\ 0 & 1 & 0 \\ 0 & 0 & 1 \end{bmatrix} \tag{33}$$

$$\{B\} = \sum_e \frac{1}{2} \overline{K}(h) \begin{pmatrix} c_i \\ c_j \\ c_k \end{pmatrix} \tag{34}$$

$$\{Q\} = -\sum_e ql \begin{pmatrix} 0 \\ \frac{1}{2} \\ \frac{1}{2} \end{pmatrix} \tag{35}$$

$$\{D\} = \sum_e \frac{\Delta}{12} \begin{bmatrix} 2S_i + S_j + S_k \\ S_i + 2S_j + S_k \\ S_i + S_j + 2S_k \end{bmatrix} \tag{36}$$

$$[H] = \sum_e \frac{\overline{D}_{\mathrm{Tv}}}{4\Delta}[bc] \tag{37}$$

$$\overline{D}_{\mathrm{Tv}} = \frac{1}{3}[D_{\mathrm{Tv}i} + D_{\mathrm{Tv}j} + D_{\mathrm{Tv}k}] \tag{38}$$

$$[G] = \sum_e \frac{\overline{K}_{\mathrm{h}}}{4\Delta}[bc] \tag{39}$$

$$\overline{K}_{\mathrm{h}} = \frac{1}{3}[K_{\mathrm{h}i} + K_{\mathrm{h}j} + K_{\mathrm{h}k}] \tag{40}$$

$$[P] = \sum_e \frac{\Delta}{12}\begin{bmatrix} 2C_{vi} + C_{vj} + C_{vk} & 0 & 0 \\ 0 & C_{vi} + 2C_{vj} + C_{vk} & 0 \\ 0 & 0 & C_{vi} + C_{vj} + 2C_{vk} \end{bmatrix} \tag{41}$$

$$\{S\} = -\sum_e q_{\mathrm{T}}l\begin{pmatrix} 0 \\ \dfrac{1}{2} \\ \dfrac{1}{2} \end{pmatrix} \tag{42}$$

$$[U] = \sum_e \frac{\rho_w L \overline{K}_v}{4\Delta}[bc] \tag{43}$$

$$\overline{K}_v = \frac{1}{3}[K_{vi} + K_{vj} + K_{vk}] \tag{44}$$

主要符号对照表

R_{WC} —叶片相对含水量

W_a —叶片鲜重

W_s —饱和水分叶片鲜重

W_d —叶片干重

r_s^s —土壤表面阻力

r_s^{sw} —湿润区域土壤蒸发阻力

r_s^{snw} —干燥区域土壤蒸发阻力

r_{smin}^s —最小土壤表面阻力

θ_s —饱和土壤含水量

θ_F —田间持水量

θ_{wp} —凋萎点土壤含水量

ET —作物蒸发蒸腾量

ET_i —第 i 阶段的作物蒸发蒸腾量

K_i —第 i 阶段的作物系数

ET_0 —参考作物蒸发蒸腾量

ET_{0i} —第 i 阶段的参考作物蒸发蒸腾量

R_n —太阳净辐射

R_{ns} —净短波辐射

R_{nl} —净长波辐射

R_a —极地辐射

R_s —太阳或短波辐射

R_t —实测短波辐射

K_T —总透射比

R_0 —太阳辐射小时值

R_Q —太阳总辐射

R_d —太阳散射辐射

R_b —太阳直接辐射

α —反射率或冠层反射系数

G —土壤热通量

G_w —湿润区域土壤热通量

G_{nw} —干燥区域土壤热通量

Δ —饱和水汽压与温度关系曲线的斜率

γ —湿度计常数

T_a —空气温度

T_{max} —最高空气温度

T_{min} —最低空气温度

$T_{max,K}$ —24 h 最大绝对温度

$T_{min,K}$ —24 h 最小绝对温度

u_2 —地面以上 2 m 高处风速

e_s —空气饱和水汽压

$e^0(T)$ —空气温度 T 时的饱和水汽压

e_a —空气实际水汽压

P —大气压

z —海平面以上高程

λ —汽化潜热

RH_{mean} —平均相对湿度

RH_{min} —最低相对湿度

G_{sc} —太阳常数

d_r —日—地相对距离的倒数

ω_s —太阳时角

φ —纬度

δ —太阳赤纬角

n —日照时数

N —最大可能日照时数或昼长时数

n/N —相对日照时数

a_s —回归常数,表示在阴暗日($n = 0$)到达地球表面的极地辐射部分

$a_s + b_s$ —在晴朗无云天($n = N$)到达地球表面的极地辐射部分

σ —Stefan-Boltzmann 常数

u_2 —地面以上 2 m 高处风速

u_z —地面以上 z m 高处风速

K_c —作物系数

K_{cmax} —作物系数最大值

K_{cb} —基础作物系数

K_s —土壤水分胁迫系数

K_e —土面蒸发系数

K_w —灌水方式修正系数

K_r —土壤蒸发衰减系数

TAW —土壤有效储水量

RAW —TAW 中易于根系吸收的根区土壤
　　　储水量

D_r —作物根区土壤水分亏缺量

p —易于作物根吸收利用的土壤储水量与
　　总的有效土壤储水量的比值

γ_s —土壤容重

Z_r —作物根系活动层深度

Z_e —发生土面蒸发的表层土壤深度

θ —土壤含水量

θ_{fc} —根系层土壤的田间持水量

θ_{wp} —凋萎点土壤含水量

f_c —被作物遮阴的土壤表面积

f_w —灌溉或降雨后土壤表面湿润比

h_m —作物最大株高

h_c —冠层高度

RO —土壤表面的径流量

D_e —表层裸露或湿润土壤的累积蒸发量

I —灌水量

E —蒸发量

T_{ew} —表层土壤的蒸发量

DP_e —表层土壤的深层渗漏量

DPP —播后天数

$CGDD$ —作物生长期累积积温

$C_c PM_c$ —植物蒸腾潜热通量

$C_s PM_s$ —土壤蒸发潜热通量

$C_s^w PM_s^w$ —湿润区域土壤蒸发潜热

$C_s^{nw} PM_s^{nw}$ —干燥区域土壤蒸发潜热

C_c —冠层阻力系数

C_s —土壤表面阻力系数

C_s^w —湿润的土壤表面阻力系数

C_s^{nw} —干燥部分土壤表面阻力系数

A —冠层上方的有效输入能量

A_c —冠层可利用能量

A_s —土壤表面有效输入能量

A_s^w —湿润土壤表面的有效输入能量

A_s^{nw} —干燥土壤表面有效输入能量

F_i —作物冠层的辐射截获率

r_a^a —参考高度至冠层汇源高度的空气动力
　　学阻力

r_a^s —冠层汇源至地面的空气动力学阻力

r_a^c —冠层阻力

r_B —冠层边界层阻力

k_a —Karman 常数

K_h —乱流扩散系数

n_c —乱流扩散系数的衰减常数

Z_0' —土壤表面的粗度长

C_d —平均阻力系数

u^* —摩擦风速

u_s —沟垄面上 0.05 m 处的风速

H —垄高

W —沟宽

γ_i —风向与沟垄走向间的夹角

W_L —叶片宽度

ξ —风速衰减系数

u_h —冠层高度处风速

$R(X_f)$ —环境胁迫综合函数

f —环境因子序数

X_f —环境变量

$F_f(X_f)$ —X_f 的胁迫函数

r_{sT} —气孔阻力

r_{sTmin} —最小气孔阻力

R_{PAR} —太阳有效辐射

$F_1(R_{PAR})$ —太阳有效辐射胁迫函数

$F_2(D_{ref})$ —饱和水汽压差胁迫函数

$F_3(T_a)$ —空气温度胁迫函数

$F_4(\theta)$ —土壤水分胁迫函数

ΔT_c —冠层上、下部温差

G_s —气孔导度

ΔT_h —常规沟灌与交替隔沟灌溉条件下玉
　　米冠层温差

T_{ca} —冠层上部温度

T_{cb} —冠层下部温度

ΔT_c —冠层上、下部温差

r^* —气候阻力

F_w —标准化土壤水分函数

$E_沟$ —沟处土壤蒸发

$E_垄$ —垄处土壤蒸发

E_p —潜在土壤蒸发

ET_p —潜在腾发量

P —叶片光合速率

Q —光照强度

L_z —根区垂向根长密度

z_r —根系垂向长度

$S_p(x,z,t)$ —潜在根系吸水速率

$\beta(z)$ —根系在垂向分布函数

$\beta(x)$ —根长在水平项分布函数

h —土壤水势

h_1、h_2、h_3—影响根系吸水的几个土壤水分
　　　　　阈值

z_m —根系在垂向最大伸展距离

x_m —根系在水平向最大伸展距离

Q_0—流量

t —时间

t_N —太阳时

V_i —累积入渗水量

V_s —地表储存水量

I_a —累积入渗量

I_x —水头距沟首距离

f_0 —土壤稳定入渗速率

I_0 —沟首入渗水深

σ_z —地表面以下储水形状系数

σ_y —地表储水形状系数

A_0—沟首过水断面面积

A —太阳方位角

B —坡面方位角

γ_0—坡面与水平面的倾角

H —天顶角

ϕ —太阳高度角

S_{sc} —太阳常数

E_0—地球轨道偏心率校正系数

ξ —纬度

ω —太阳时角

τ_p —太阳辐射冠层透过系数

H_s —土壤面显热通量

T_s —土壤表面温度

T_d —土壤 z_d 深度处的土壤温度

T_0—初始土壤温度

ρ_a —空气密度

C_p —空气定压比热容

T_c —冠层温度

LAI —叶面积指数

k —冠层消光系数

θ_0—初始含水量

θ_H —$z=z_H$ 深度处土壤含水量

T_H —$z=z_H$ 深度处土壤温度

K —非饱和导水率

K_v —由水势梯度引起的水汽传导率

D_{Tv} —由温度梯度引起的水汽扩散率

C_v —土壤热容量

D_w —土壤水分扩散率

$S(x,z,t)$ —根系吸水速率

K_h —土壤热导率

ρ_w —土壤水密度

λ —水的汽化潜热

S_H —热量源汇项

D_g —空气中水汽扩散系数

ρ_v^{sat} —水汽饱和度

h_m —土壤相对湿度

n_f —土壤孔隙度

h_0—水汽运动的质流因子

η_0—机械增强系数

f_c —土壤中的黏土质量分数

g —重力加速度

R —通用气体常数

M_W —水的分子量

K_{dry} —干土热导率

K_{sat} —饱和土壤热导率

λ_e —Kersten 函数

K_w —水的导热率

q —石英含量

K_q —石英导热率

K_0 —非石英矿物的导热率

S_r —土壤饱和度

n_f —土壤孔隙度

K_c —作物系数

K_s —土壤水分胁迫系数

$K_c(STA)$ —标准模式下的单作物系数

K_w —灌水方式修正系数

K_{cb} —基础作物系数

K_e —土面蒸发系数

K_{cini} —作物初始生长期的作物系数

K_{cmid} —作物生育初期的作物系数

K_{cend} —作物成熟期的作物系数

REW —大气蒸发力控制阶段蒸发水量

TEW —一次灌溉后总蒸发水量

E_{so} —潜在蒸发率

t_w —灌溉的平均间隔天数

t_1 —土壤大气蒸发力控制的天数

Z_e —土壤蒸发层的厚度

S_a —蒸发层土壤中的砂粒含量

CI —蒸发层土壤中的黏粒含量

T_{AFI} —交替隔沟灌溉的作物蒸腾量

T_{CFI} —常规沟灌方式的作物蒸腾量

DPP —作物播后天数

TAW —作物根系层的土壤有效储水量

RAW —TAW 中易于被作物根系吸收利用的根区土壤储水量

D_r —某时段土壤水分的平均亏缺量

p —根区中易于被作物根吸收利用的土壤储水量与总的有效土壤储水量的比值,为大气蒸发力的函数

Z_r —作物根系活动层深度

K_r —土面蒸发衰减系数

P_e —有效降水量

f_w —灌溉或降雨后的土壤表面湿润比

h_θ —太阳高度角